高等院校应用型本科教育系列规划教材

数 学 实 验

——基于 CDIO 模式

（第二版）

主编 杨 韧 秦健秋

U0227945

科 学 出 版 社

北 京

内 容 简 介

本书是为理工科学校开设的数学实验课程编写的,内容共分两部分:第一部分是基础实验,由16个实验构成,其中实验1和实验2介绍MATLAB软件的基本操作,实验3～实验16以MATLAB软件为平台,将数学知识、计算机技术和实际问题相结合,介绍基本数学问题的MATLAB运算方法,内容涵盖"高等数学"、"线性代数"和"概率统计";第二部分是数学建模实验,由4个实验构成,介绍部分建模常用方法,如微分方程、线性规划、回归分析和计算机模拟等,内容涉及生活、经济、管理等方面,具有一定的实用性和趣味性.

本书可作为高等学校各专业数学实验课程的教材,同时可作为数学建模培训的先行教材,并可供广大学生和教师参考.

图书在版编目(CIP)数据

数学实验:基于CDIO模式/杨韧,秦健秋主编. —2版. —北京:科学出版社,2014

高等院校应用型本科教育系列规划教材

ISBN 978-7-03-041544-8

Ⅰ.①数… Ⅱ.①杨…②秦… Ⅲ.①高等数学-实验-高等学校-教材 Ⅳ.①O13-33

中国版本图书馆CIP数据核字(2014)第177458号

责任编辑:李淑丽 / 责任校对:朱光兰
责任印制:张 伟 / 封面设计:华路天然工作室

科 学 出 版 社 出版

北京东黄城根北街16号
邮政编码:100717
http://www.sciencep.com

北京虎彩文化传播有限公司 印刷
科学出版社发行 各地新华书店经销
*

2010年11月第 一 版 开本:787×1092 1/16
2014年 8 月第 二 版 印张:17 1/4
2022年 2 月第十次印刷 字数:460 000

定价:49.00元
(如有印装质量问题,我社负责调换)

第二版前言

本书在第一版的基础上,按照国际工程教育改革的思想突出能力培养、侧重数学知识的应用,内容由浅入深、循序渐进,更强调通过实验去学习、体验和探索发现数学规律.

本次修订,对第一版的一些程序做了适当删减;部分习题做了相应改动,使之更切合实验内容,更符合实验目的;删去原实验15;增加了概率统计的实验内容.第二版的实验15安排概率分布与数据的基本描述内容,实验16安排统计推断内容,第一版的数学建模实验16、17、18、19在第二版中依次安排为实验17、18、19、20.第二版的内容更注重从问题出发,借助计算机解决问题的过程,让学生通过动手和观察实验结果,去发现和总结其中的规律.

本次修订工作由杨韧教授承担.

编　者

2013 年 10 月

第一版前言

21 世纪随着计算机的广泛使用,各类数学软件的开发,数学的教学内容和课程教学体系随之进行了深刻的改革.数学实验(mathematical experiments)作为数学教学改革的产物于 20 世纪 90 年代在国内高校诞生.数学实验将数学知识、数学建模与计算机三者融为一体,通过数学实验使学生深入理解数学的基本概念和基本理论,熟悉常用的数学软件,培养学生解决实际问题的能力.

成都信息工程学院数学实验课程教学改革始于 20 世纪 90 年代末.本书于 2002 年着手编写,作为成都信息工程学院数学实验课程的教材,同时也是四川省精品课程"高等数学"、"线性代数与空间解析几何"的配套教材.2005 年正式由成都信息工程学院理工科学生使用,学生反映该教材直观易学,能体会到学习数学的乐趣及数学应用的实用性.2009 年为配合成都信息工程学院 CDIO 教育教学改革,作为成都信息工程学院 CDIO 教育教学改革系列教材,编者进一步对该教材作了修改和完善,特别增加了数学建模实验内容.

本书力求数学内容现代化,将古典内容用现代观点介绍,体现创新;选材突出数学理论的应用案例,融入数学建模思想,以通俗易懂的方式介绍数学理论知识在多个领域中的广泛应用;注重数学方法与计算机应用相结合,突出图形功能的直观效果.教材内容分为基础实验和数学建模实验两部分:

基础实验紧密结合"高等数学"和"线性代数"课程内容,介绍实现高等数学、线性代数相关计算的 MATLAB 方法,更多地采用图形诠释结果;同时重视数学方法的应用,引入经过简化的实际问题,建立简单数学模型并用 MATLAB 软件实现求解的过程.该篇内容由浅入深、循序渐进、简单明了,适合于初学者.

数学建模实验选用部分经典数学模型和全国大学生数学建模竞赛题目,引入 top-down 的设计思想,让学生了解如何将复杂的实际问题提炼为数学问题的全过程,并带着问题去学习和探索解决问题的方法,培养学生的动手能力和创新意识.该部分介绍了数学建模常用的微分方程、线性规划、回归分析、计算机模拟等方法,为后续的数学建模课程打下基础.

内容编写结构如下:

(1)实验目的.明确实验要掌握的数学知识、软件知识和解决实际问题的方法.

(2)预备知识.实验所必备的数学知识及相关知识.

(3)实验内容.详细介绍该实验的具体过程.

(4)实验任务.含验证性实验和综合性实验两部分,其中验证性实验是让学生使用 MATLAB 软件来实现数学基本理论和基本运算,综合性实验是运用相关知识解决实际问题.

本书的主要读者对象为大学一、二年级学生,"高等数学"、"线性代数"和"计算机应用基础"是先修课程.教材使用 MATLAB 软件,所有程序均在 MATLAB6.5 版本以上调试并运行,对于较为复杂的程序给出了注释语句.

　　本书基础实验由杨韧编写,数学建模实验由杨韧、秦健秋编写.除了编者写作内容外,部分例题、数学建模实验和实验任务题目参考了教材所列文献,编者在这里对这些参考文献的作者表示感谢!

　　在书的编写、修改和试用过程中,成都信息工程学院张志让教授、杨光崇教授给予了极大的支持,在此致以诚挚的感谢!成都信息工程学院吴泽忠、谢海英、梅志红、邓小艳和胡艳等老师协助完成了教材的部分录入工作,特此表示感谢!

　　鉴于编者水平有限,且数学实验用到的数学知识包罗万象,很难完整反映到本书中,书中还有一些不尽如人意之处,恳请各位专家和读者提出宝贵意见,使之进一步完善.

编　者

2010 年 6 月

目　　录

实验 1　MATLAB 入门

1.1　实　验　目　的

（1）了解 MATLAB 软件.

（2）熟悉 MATLAB 软件的基本操作.

（3）掌握 MATLAB 软件的一些常用基本命令.

（4）会用 MATLAB 基本语言进行简单问题的编程.

（5）初步了解如何对实际问题建立数学模型,并转化为计算模型进行处理.

1.2　预　备　知　识

（1）计算机基础知识.

（2）程序设计的基本原理.

1.3　实　验　内　容

1.3.1　MATLAB 简介

MATLAB 是由美国 Mathworks 公司开发的适用于多学科、多种工作平台且功能强劲的大型软件.它具有强大的数学运算功能和图形处理能力,以及高效简洁的程序运行环境和丰富的工具箱.

1.3.2　MATLAB 软件的启动

（1）双击桌面上的 MATLAB 图标 ;

（2）点击 开始 → 程序 → MATLAB .

1.3.3　MATLAB 7.x 系统界面

启动 MATLAB 7.x,如图 1-1 所示.

（1）标题栏:左边是 MATLAB,右边从左到右依次是窗口最小化、缩放和关闭按钮.

（2）菜单栏:6 个下拉式菜单.

（3）工具栏:11 个条形工具按钮与设置当前目录的弹出式菜单框和查看目录树按钮.

（4）MATLAB 操作界面:[Command Window]命令窗口,[Workspace]工作空间窗口,[Command History]历史命令窗口,[Current Directory]当前目录选择窗口.

1. 命令窗口

命令窗口(Command Window)位于 MATLAB 操作界面的右侧,点击命令窗口右上角的 按钮,即得几何独立命令窗口.如图 1-2 所示.

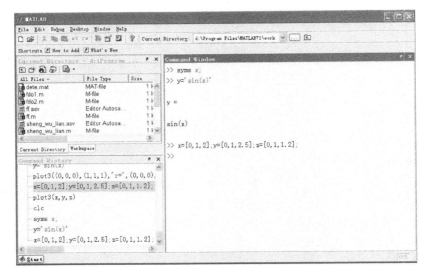

图 1-1

图 1-2

符号"＞＞"为提示符,表示等待用户输入命令、程序.按 Enter 键后,逐条显示计算结果.命令窗口有一些常用功能键,利用它们可以使操作更简便快捷(表 1-1).

表 1-1　命令窗口常用快捷键

功能键	说　明	功能键	功　能
↑	光标回调上一行	Home	光标移至行首
↓	光标回调下一行	End	光标移至行尾
←	光标左移一个字符	Esc	清除命令行
→	光标右移一个字符	Del	删除光标处字符
Ctrl＋←	光标左移一个单词	Backspace	删除光标左边字符
Ctrl＋→	光标右移一个单词	Ctrl＋K	删除至行尾

点击菜单 $\boxed{\text{View}}$ → $\boxed{\text{dock Command Window}}$ ，即可返回 MATLAB 操作桌面默认状态.

2．工作空间窗口

工作空间窗口(Workspace)位于操作桌面左上侧后台. 点击 $\boxed{\text{Workspace}}$ → $\boxed{\text{}}$ ，即得到几何独立的工作空间窗口，如图 1-3 所示.

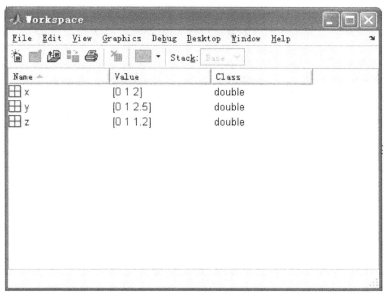

图 1-3

该窗口显示工作空间变量的图形方式、变量名、变量数组大小、变量字节大小和变量类型.

3．历史命令窗口

历史命令窗口(Command History)位于 MATLAB 操作桌面左下侧前台，点击命令窗口右上角 $\boxed{\text{}}$，即得如图 1-4 独立几何历史命令窗口. 该窗口显示命令窗口执行过的所有命令. 如图 1-4 所示.

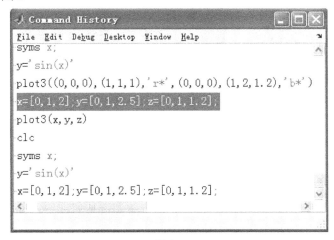

图 1-4

　　双击某条命令,命令窗口会显示该命令的运行结果.如果选中的多条命令,单击鼠标右键,弹出上下文菜单;选中 Copy 菜单项,即可复制;选中 Evaluate Selection 菜单项,即可在命令窗口看到运行结果;选中 Create M-File 菜单项,即可引出写着这些命令的 M 文件编辑器.如图 1-5 所示.

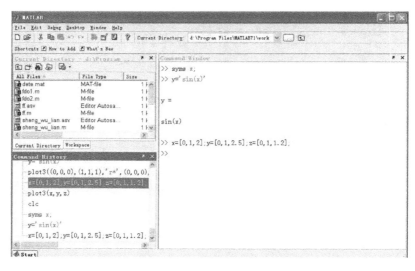

图 1-5

　　4. 当前目录选择窗口

　　当前目录选择窗口(Current Directory)位于 MATLAB 操作桌面的左上侧前台.如图 1-6 所示,该窗口显示当前目录下所有文件的文件名、文件类型和最后修改时间.选中某文件,按鼠标右键弹出上下文菜单,可以实现多种应用功能.如图 1-6 所示.

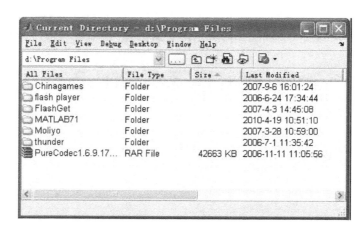

图 1-6

1.3.4　MATLAB 帮助系统

（1）命令帮助（表 1-2）.

表 1-2　帮助函数

命　令	功　能
help〈函数名〉	获得该函数的详细信息
lookfor〈关键词〉	获得含有该关键词的 M 文件

（2）在 MATLAB 界面中单击工具条？或单击 Help 菜单中的 MATLAB Help，即可打开帮助窗口，如图 1-7 所示.

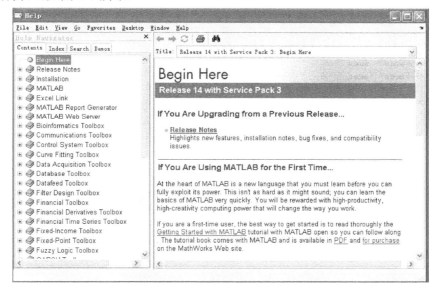

图 1-7

1.3.5　MATLAB 的文件管理

文件管理命令见表 1-3.

表 1-3　文件管理命令

命　令	功　能
cd	显示当前目录或文件夹
dir	列出当前目录或文件夹下的所有文件
what	列出当前目录或文件夹下的所有 M 文件和 mat 文件
type〈文件名〉	在命令窗口显示该文件的内容
which〈文件名〉	显示 M 文件所在的目录
delete〈文件名〉	删除该 M 文件

1.3.6 MATLAB 语言基础

（一）常量与变量

1. 常量

在程序运行中不能改变的量是常量. 例如 $1, 2.3, 0.31 \times 10, 7.8 \times 10^{10}, 5 + 3i$ 等都是合法的常量.

2. 变量及其管理

1）变量的命名规则

（1）以英文字母开头，后面可跟字母、数字和下划线；

（2）不超过 31 个字符；

（3）区分大小写字母.

例如, $a3, fg, e\_2, Dac4$ 等都是合法变量.

除上述命名规则外，还有变量命名的特殊规则，如表 1-4 所示.

表 1-4　特殊变量

变量名称	含　义
ans	最近生成的默认变量名
pi	圆周率
eps	计算机的最小数
inf	无穷大
NaN	不定量（如 $0/0$）
i 或 j	虚数单位 $\sqrt{-1}$
realmin	最小可用正实数
realmax	最大可用正实数
nargin	函数输入参数的个数
nargout	函数输出参数的个数

2）变量的管理

变量管理命令见表 1-5.

表 1-5　变量管理命令

命　令	功　能
clear(变量名)	清除工作空间指定变量
clear	清除工作空间所有变量
save ss	将工作空间变量保存在 ss.mat 文件中
save ss x y	选择工作空间变量保存在 ss.mat 文件中
load ss	将 ss.mat 文件中的所有变量装入工作空间
load ss x	将 ss.mat 文件中的变量 x 装入工作空间
who	列出当前工作空间的变量名
whos	列出当前工作空间的变量及相关信息

（二）一维数组

1. 一维数组的创建

表 1-6 是一维数组创建规则表.

表 1-6　一维数组创建规则

方　法	命令格式	功　能	备　注
逐个元素赋值法	[a b c]	数组 (a,b,c)	
定数线性采样法	linspace(a,b)	将区间 $[a,b]$ 用 100 个点等分所得的数组	
定数线性采样法	linspace(a,b,n)	将区间 $[a,b]$ 用 n 个点等分所得的数组	
冒号生成法	a:h:b	以 a 为起点 b 为终点,h 是步长的数组	$h=1$ 可省略

例 1-1　创建向量 $x=(1,3,5,7,9)$.

解　MATLAB 命令窗口输入

```
>>x=1:2:9
x=
    1   3   5   7   9
```

或

```
>>x=linspace(1,9,5)
x=
    1   3   5   7   9
```

2. 一维数组 x 的访问

表 1-7 是一维数组的访问格式表.

表 1-7　一维数组的访问格式

格　式	功　能
x(n)	访问 x 的第 n 个元素
x(n:h:m)	访问 x 的第 $n,n+h,\cdots,m$ 个位置的元素
x([n k m])	访问 x 的第 n,k,m 个位置的元素

例 1-2　访问 $x=(5,-2,0,3,6,7,8,-1)$ 的第 7 个元素,第 $2,4,6$ 个元素;第 $8,5,2$ 个元素;第 $3,8$ 个元素.

解　MATLAB 命令窗口输入

```
>>x=[5 -2 0 3 6 7 8 -1];
>>x(7)
ans=
    8
>>x(2:2:6)
ans=
    -2  3  7
>>x(8:-3:2)
ans=
    -1  6  -2
>>x([3 8])
ans=
    0  -1
```

3. 一维数组的操作

表 1-8 是一维数组的操作函数表.

表 1-8　一维数组的操作函数

命　令	功　能
length(x)	返回一维数组 x 的维数
max(x)	返回 x 的最大分量
min(x)	返回 x 的最小分量
mean(x)	返回 x 的各分量的平均值
sum(x)	返回 x 的各分量和

（三）运算符

表 1-9 是常见运算符表.

表 1-9　常见运算符

运算符	功　能	运算符	功　能
＋（－）	加（减）法	＝	赋值号
*	乘法	（　）	决定计算顺序,数组访问
. *	数组乘法	〔　〕	生成数组
^	乘方	{　}	生成单元数组
. ^	数组乘方	./(.\）	数组右(左)除
/(\）	右(左)除		

（四）操作符

表 1-10 是常见操作符表.

表 1-10　常见操作符

符　号	作　用
空格	输入量与输入量的分隔符;数组元素分隔符
,	同上;要显示结果的指令与其后指令间的分隔
·	小数点
;	不显示指令的结果
%	注释符,其后的语句不参与运算
…	续行符
' '	字符串标记符

（五）关系运算符

表 1-11 是关系运算符表.

表 1-11　关系运算符

符　号	作　用	符　号	作　用
<	小于	>=	大于等于
<=	小于等于	==	等于
>	大于	～=	不等于

（六）逻辑运算符

表 1-12 是逻辑运算符表.

表 1-12　逻辑运算符

符　号	作　用	符　号	作　用
&	与	nor	异或
|	或	all	判断矩阵中某列所有元素是否非 0，若是返回 1
～	非	any	判断矩阵的某列元素是否有非 0，若有返回 1

　　各种运算符由高到低的运算级别是：算术运算符，关系运算符，逻辑运算符. 在逻辑运算符中，由高到低的级别是～，&，|，nor. 圆括号可以改变优先级别的顺序.

1.3.7　MATLAB 程序设计

（一）常用的数学函数

表 1-13 是常用数学函数表.

表 1-13　常用数学函数

函　数	含　义	函　数	含　义	函　数	含　义	函　数	含　义
sin	正弦	asin	反正弦	sinh	双曲正弦	asinh	反双曲正弦
cos	余弦	acos	反余弦	cosh	双曲余弦	acosh	反双曲余弦
tan	正切	atan	反正切	tanh	双曲正切	atanh	反双曲正切
cot	余切	acot	反余切	coth	双曲余切	acoth	反双曲余切
sec	正割	asec	反正割	sech	双曲正割	asech	反双曲正割
csc	余割	acsc	反余割	csch	双曲余割	acsch	反双曲余割
exp	指数	log	自然对数	log10	常用对数	log2	以 2 为底的对数
sqrt	平方根	abs	模或绝对值	fix	对零方向取整	sign	符号函数

注：三角函数的自变量角度的单位是弧度.

（二）M 文件

M 文件是用 MATLAB 语言编写，可在 MATLAB 命令窗口运行并显示结果的程序.

M 文件有两种形式：一种是命令(脚本)形式；另一种是函数形式,其文件的扩展名均为. m.

1. M 文件的创建

1) 打开程序编辑器(三种方法)

(1) MATLAB 操作桌面点击 File→New→M-file；

(2) MATLAB 操作桌面点击工具栏 □ 按钮；

(3) 在命令空间键入 Edit 命令.

均可进入 MATLAB 程序编辑器如图 1-8 所示.

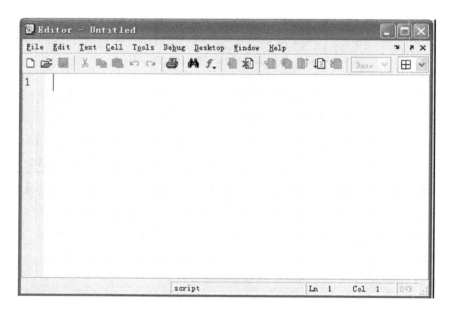

图 1-8

2) 建立 M 文件

在程序编辑器中编写程序,可用下列方法保存：

(1) 点击程序编辑器下拉菜单 File→Save,弹出对话框,填写文件名,点击保存；

(2) 点击程序编辑器工具栏 ▤ 按钮保存.

即创建了一个 M 文件.

2. M 命令(脚本)文件

在程序编辑器中键入 MATLAB 命令,保存后即创建了一个 M 命令文件. M 命令文件即没有输入参数也不返回输出参数. 命令行中的所有变量均存在于工作空间.

M 命令文件的运行方式很多,最常用的是：

(1) 在 MATLAB 命令窗口键入不带扩展名的文件名；

(2) 点击程序编辑器下拉菜单 Debug→Run.

例 1-3 计算 $y=\sin x$ 在 $x=0,\dfrac{\pi}{2},\pi,\dfrac{\pi}{3},2\pi$ 处的函数值.

解 打开程序编辑器,编写程序如下:

```
x=0:pi/2:2*pi
y=sin(x)
```

保存文件名 eg1_3.m. 然后在命令窗口输入

```
>>eg1_3
x=
    0   1.5708   3.1416   4.7124   6.2832
y=
    0   1.0000   0.0000  -1.0000  -0.0000
```

结果: $\sin 0=0,\sin\dfrac{\pi}{2}=1,\sin\pi=0,\sin\dfrac{3}{2}\pi=-1,\sin 2\pi=0$.

3. M 函数文件

M 函数文件是一个特殊的文件,其格式为

function [输出变量列表]=函数名(输入变量列表)

注释说明语句

函数体语句

注:(1)当输入、输出变量不止一个时,变量与变量之间用逗号隔开. 当输出变量只有一个时,不用方括号.

(2)保存文件名与函数同名.

(3)函数中的变量均为局部变量,仅在函数运行期间有效. 如果需要在工作空间保留函数中的变量,可用 global 语句说明是全局变量.

例 1-4 已知 $y=\sqrt{\cos^3 x+2}$,试建立 M 函数文件.

解 打开程序编辑器,创建 eg1_4.m 文件如下:

```
function y=eg1_4(x)
y=sqrt(cos(x)^3+2);
```

MATLAB 命令窗口输入

```
>>y=eg1_4(2)
y=
    1.3885
```

结果: $\sqrt{\cos^3 2+2}=1.3885$.

(三)程序结构

1. 顺序结构

顺序结构是指依次序的逐行执行程序的各条语句的结构.

2. 分支结构

1)if-else-end 分支结构

表 1-14 是 if 分支结构格式表.

表 1-14　if 分支结构格式

单分支	双分支	多分支
if 表达式 　语句 end	if 表达式 　语句 1 else 　语句 2 end	if 表达式 1 　语句 1 elseif 表达式 2 　语句 2 …… else 　语句 n end

例 1-5　设 $a=(-2,3,5,-6)$,判断:如果向量 a 的元素都不为零,则计算 a 的每个元素的绝对值的自然对数.

解　MATLAB 命令窗口输入

```
>>a=[-2 3 5 -6];
>>if all(a)
      b= log(abs(a))
end
b=
    0.6931  1.0986  1.6094  1.7918
```

如果向量 a 中有零元素,则程序跳过 end,执行下面的语句.

例 1-6　比较两个数 a_1,a_2 的大小,将其按从小到大的顺序进行排列.

解　打开程序编辑器,编制函数文件 eg1_6.m 如下:

```
function a=eg1_6(a1,a2)
if a1<=a2
    a=[a1 a2];
else
    a=[a2 a1];
end
```

MATLAB 命令窗口输入

```
>>a1=6;a2=1;
>>a=eg1_6(a1,a2)
a=
    1   6
```

例 1-7　在区间 $[0,2]$ 上有 3g 重的物质均匀分布着,此外又有 1g 重的物质集中在 $x=3$ 处. 设 x 在 $(-\infty,+\infty)$ 内变化,试将区间 $(-\infty,x)$ 一段的质量 m 表示为 x 的函数.

解　由题意,得函数

$$m=\begin{cases} 0, & x<0 \\ \dfrac{3}{2}x, & 0\leqslant x\leqslant 2 \\ 3, & 2<x<3 \\ 4, & x\geqslant 3 \end{cases}.$$

打开函数编辑器,编写函数文件 eg1_7. m

```
function m=eg1_7(x)
if x<0
    m=0;
elseif x<=2
    m=3/2 * x;
elseif x<3
    m=3;
else
    m=4;
end
```

MATLAB 命令窗口输入

```
>>m=eg1_7(-1)
m=
    0
>>m=eg1_7(1.5)
m=
    2.2500
```

原理:对参数 x 赋值,并调用函数文件 eg1_7. m. 首先判断表达式 $x<0$,若成立,则执行 $m=0$,终止该分支结构,执行 end 以后的语句;若 $x<0$ 不成立,则判断 $x\leqslant2$,若成立,则执行 $m=\dfrac{3}{2}x$,终止该分支结构;若 $x\leqslant2$ 不成立,则判断 $x<3$,若成立,则执行 $x=3$,终止分支结构;否则执行 $m=4$,终止该分支结构.

2）switch-case-end 分支结构

格式:switch 表达式
    case 常量表达式 1
        语句体 1
    case 常量表达式 2
        语句体 2
        ……
    otherwise
        语句体 n+1
    end

原理:switch 后面的表达式是一标量或字符串或矩阵. 若表达式的值与 case 后面的某个数值表达式匹配,则执行该 case 后的语句体;如果没有与之匹配的数值表达式,则执行 otherwise 后面的语句体.

例 1-8　旅客乘坐火车时,随身携带物品不超过 20kg 免费. 超过 20kg 部分,每千克收费 0.20 元;超过 50kg 部分,每千克再加收 50%. 试将收费金额 y 表示成物品质量 x 的函数.

解 依题意,收费金额为

$$y = \begin{cases} 0, & 0 \leqslant x < 20 \\ 0.2(x-20), & 20 \leqslant x \leqslant 50. \\ 0.3(x-50)+6, & x > 50 \end{cases}$$

打开程序编辑器,编写函数文件 eg1_8.m

```
function y=eg1_8(x)
a=fix(x/10);
switch a
case{0,1}
    y= 0;
case{2,3,4,5}
    y= 0.2*(x-20);
otherwise
    y= 0.3*(x-50)+6;
end
```

MATLAB 命令窗口输入

```
>>y=eg1_8(25)
y=
    1
>>y=eg1_8(45)
y=
    5
>>y=eg1_8(100)
y=
    21
>>y=eg1_8(18)
y=
    0
```

3. 循环结构

1) for 循环

格式:for 循环变量＝初值:步长:终值

　　　　循环体语句

　　　end

例 1-9 计算 $s = \sum\limits_{n=1}^{10} n$.

解 MATLAB 命令窗口输入

```
>>s=0;
>> for n=1:10
```

```
        s=s+n;
end
>>s
s=
    55
```

结果：$\displaystyle\sum_{n=1}^{10} n = 55.$

2）while 循环（不确定循环次数）

格式：while 表达式

　　　　循环体语句

　　　　end

表达式由逻辑运算、关系运算以及一般运算组成，如果表达式的值为真，程序一直循环下去，一旦表达式的值为假，则循环终止.

例 1-10　据有关资料表明：1991 年，某内河可供船只航行的河段长 1000km，但由于水资源的过度使用，促使河水断流. 从 1992 年起，该内河每年船只可行驶的河段长度仅为上一年的三分之二，试求经过多少年河段长度减少到 200km 以内.

解　分析：设 a_n 表示上一年的河段长度，则下一年的河道长度为 $a_{n+1}=\dfrac{2}{3}a_n.$ 由此得数学模型

$$\begin{cases} a_{n+1}=\dfrac{2}{3}a_n, & n=1,2,\cdots \\ a_1=1000, \end{cases}.$$

MATLAB 命令窗口输入

```
>>n=1;
>>s(1)= 1000;
>>while s(n)>=200
        s(n+1)=2/3 * s(n);
        n=n+1;
    end
>>s=s(n)
s=
    197.5309
>>k=n-1
k=
    4
```

结果：经过 4 年，河段长度减少到 197.5309km.

4. 程序流程控制

表 1-15 是控制程序流常用函数表.

表 1-15　控制程序流常用函数

命　令	功　能
input	键盘输入参数
break	终止循环,跳出内循环
continue	结束本次循环,跳过循环体中尚未执行的语句,执行下一次循环
return	退出当前正在运行的函数,返回主调函数继续运行

例 1-11　一维数组 $a=(4,1,16,25,0,-1,9)$,计算 $\sqrt{a(i)}$,要求

(1) 删除不能开平方根的元素及其后的元素;

(2) 删除不能开平方根的元素.

解　MATLAB 命令窗口输入

```
>>a=[4 1 16 25 0 -1 9];
>>b1=[];
>>for k=1:7
    if a(k)<0
        break
    end
    b1=[b1 sqrt(a(k))];
  end
>>b1
b1 =
    2    1    4    5    0
>>b2=[];
>>for k=1:7
    if a(k)<0
    continue
    end
    b2= [b2 sqrt(a(k))];
  end
>>b2
b2=
    2    1    4    5    0    3
```

结果:(1) 一维数组 $a=(4,1,16,25,0,-1,9)$,删除 -1 和 9 后开平方根得一维数组 $b_1=(2,1,4,5,0)$;

(2) 删除元素 -1 后开平方根得一维数组 $b_2=(2,1,4,5,0,3)$.

1.4　实　验　任　务

1. 编写一个函数文件,求三个数的最小值.

2. Fibonnaci 数列是这样一个数列:它的前两项分别是 1,第三个项是前两项之和,以

后各项都是前两项之和.

（1）计算并列出小于 100 的 Fibonnaci 数列的各项；

（2）寻找 Fibonnaci 数列中第一个大于 10000 的项及项数.

3. 计算 $\sum\limits_{n=0}^{50} \sin\dfrac{n\pi}{50}$.

4. 一个球从 100m 高处自由落下，每次着地后又跳回原来高度的一半再落下，当它第 10 次着地时，共经过了多少米？每次反弹多高？

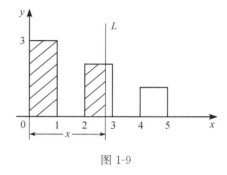

图 1-9

5. 有三个矩形，其高分别等于 3m、2m、1m，而底均为 1m，彼此相距 1m 放着（图 1-9）. 假定 $x(-\infty < x < +\infty)$ 连续变动（即直线 L 连续的平行移动）.

（1）试将阴影部分的面积 S 表示为距离 x 的函数；

（2）建立函数文件；

（3）求 $S(0.5), S(1.5), S(3), S(4), S(6)$.

6. 一个梯子共 12 级，从上面数第 4 级的宽是 54cm，最低一级宽 110cm. 已知各级的宽度成等差数列.

（1）试建立梯子宽度的表达式；

（2）编程计算梯子的各级宽度.

实验 2 符号运算

2.1 实验目的

（1）掌握符号及符号表达式的创建.

（2）学习数值变量、符号变量以及字符串间的转换，学习符号变量的替换和符号表达式的化简.

（3）会解符号方程.

2.2 实验内容

2.2.1 创建符号变量

表 2-1 是符号函数表.

表 2-1　sym 函数

命　令	功　能
sym('arg')	创建单个符号变量
syms arg1 arg2 ⋯ argn	创建多个符号变量

例 2-1 创建符号变量 a,b,c.

解 MATLAB 命令窗口输入

```
>>a=sym('a')
a=
   a
>>b=sym('b')
b=
   b
>>c=sym('c')
c=
   c
```

或

```
>>A=sym('[a,b,c]')
A=
[a,b,c]
```

或

```
>>syms a b c
```

2.2.2　创建符号表达式

符号表达式是代表数字、函数、算子和变量的 MATLAB 字符串或字符串数组.

1. 直接法,采用单引号创建符号表达式

例 2-2　定义符号表达式 $f=2x$.

解　MATLAB 命令窗口输入

```
>>f='2 * x'
f=
    2 * x
```

2. 命令 sym 创建符号表达式

例 2-3　定义符号表达式 $f=ax+b$.

解　MATLAB 命令窗口输入

```
>>f=sym('a * x+b')
f=
    a * x+b
```

默认自变量为 x,视 a,b 为常量参数.

3. 按书写形式定义符号表达式

例 2-4　定义符号表达式 $f=e^{y/x}$.

解　MATLAB 命令窗口输入

```
>>syms x y
>>f=exp(y/x)
f=
    exp(y/x)
```

4. 符号表达式中自由变量的确认原则

表 2-2 是 findsym 函数表.

表 2-2　findsym 函数

命　令	功　能
findsym(f)	确定表达式 f 中的所有自由符号变量
findsym(f,n)	确定表达式 f 中靠 x 最近的 n 个自由符号变量,当指定 $n=1$ 时,如果有两个字母与 x 的距离相等,则取较后的一个

例 2-5　确定符号表达式 $f=ax+ny^2+my+w$ 中的自变量.

解　MATLAB 命令窗口输入

```
>>f=sym('a * x+n * y^2+m * y+w')
f=
    a * x+n * y^2+m * y+w
>>findsym(f)
ans=
    a,m,n,w,x,y
```

```
>>findsym(f,1)
ans=
    x
>>findsym(f,2)
ans=
    x,y
>>findsym(f,3)
ans=
    x,y,w
```

2.2.3　创建符号函数

1. 利用符号表达式——先定义符号变量,再建立符号表达式

例 2-6　定义符号函数 $f=\cos^2 x+1$.

解　MATLAB 命令窗口输入

```
>>syms x
>>f=cos(x)^2+1
f=
    cos(x)^2+1
```

2. 建立函数文件

打开编辑器并输入

```
function  f=fun(x)
f=cos(x)^2+1;
```

2.2.4　创建符号方程

格式 f=('equation').

例 2-7　定义方程 $ax^2+bx+c=0$.

解　MATLAB 命令窗口输入

```
>>equ=('a * x^2+b * x+c=0')
equ=
a * x^2+b * x+c=0
```

2.2.5　符号表达式的运算

1. 四则运算

MATLAB 的符号四则运算可采用数值运算中的"+"、"−"、" * "、"/"、"^"来实现.

例 2-8　已知 $f=3x^2+5x-4,g=2x+3$,求 $f+g$;$f-g$;$f\cdot g$;$f/g,f^3$.

解　MATLAB 命令窗口输入

```
>>f=sym('3 * x^2+5 * x-4');
>>g=sym('2 * x+3');
>>f+g
```

```
ans=
    3*x^2+7*x-1
>>f-g
ans=
    3*x^2+3*x-7
>>f*g
ans=
    (3*x^2+5*x-4)*(2*x+3)
>>f/g
ans=
    (3*x^2+5*x-4)/(2*x+3)
>>f^3
ans=
    (3*x^2+5*x-4)^3
```

2. 复合函数运算

命令格式 compose(f,g),返回复合函数 $f(g(x))$.

例 2-9 已知 $f=\sin u, g=x^2$,求 $f(g(x))$.

解 MATLAB命令窗口输入

```
>>f=sym('sin(u)');
>>g=sym('x^2');
>>compose(f,g)
ans=
    sin(x^2)
```

3. 反函数运算

表 2-3 是 finverse 函数表.

表 2-3 finverse 函数

函　　数	功　　能
finverse(f)	默认反函数自变量为 x
finverse(f,t)	指定反函数自变量为 t

例 2-10 已知 $y=ax+b$,求反函数.

解 MATLAB命令窗口输入

```
>>syms a b
>>y=a*x+b
y=
    a*x+b
>>finverse(y)
ans=
    -(b-x)/a
>>finverse(y,a)
```

```
ans=
    -(b-a)/x
```

2.2.6　符号与数值的转换

1. 符号表达式转换为数值表达式

表 2-4 是符号转换为数值函数的命令表.

表 2-4　符号转换为数值函数

命　令	功　能
double(s)	将符号变量 s 转换为双精度的数值变量
eval(s)	将符号(或字符串)变量转换为数值变量
digits(n)	设置有效数字个数为 n
vpa(s,n)	对字符变量 s 求 n 位精度的数值解(符号型)

例 2-11　计算符号常量 $a=\ln(\sqrt{13}\pi)$ 的值,并将结果表示成双精度数值和指定精度为 8 的精确数值解.

解　MATLAB 命令窗口输入

```
>>a=sym('log(sqrt(13)*pi)');
>>b1=double(a)
b1=
    2.4272
>>c1=class(b1)    %获知 b1 的类别
c1=
    double
>>b2=numeric(a)
b2=
    2.4272
>>c2=class(b2)
c2=
    double
>>b3=vpa(a,8)
b3=
    2.4272046
>>c3=class(b3)
c3=
    sym
```

或

```
>>digits(8);
>>b4=vpa(a)
b4=
    2.4272046
```

例 2-12 无风天下雨,雨滴落地速度 $v_1 = 4.3\mathrm{m/s}$,水平行驶的小车速度为 $v_2 = 3.1\mathrm{m/s}$,如图 2-1 所示,求雨滴相对于小车的速度.

解 分析:合速度

$$v = \sqrt{v_1^2 + (-v_2)^2}.$$

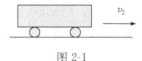

图 2-1

方向

$$\tan \alpha = \frac{v_1}{v_2}.$$

MATLAB 命令窗口输入

```
>>syms v1 v2
>>v=sqrt(v1^2+(-v2)^2);
>>a=atan(v1/v2);
>>v1=4.3;
>>v2=3.1;
>>v=eval(v)
v=
    5.3009
>>a=atan(v1/v2)*180/pi
a=
    54.2110
```

结果:雨滴相对于小车的速度是 $5.3009\mathrm{m/s}$,方向为小车行驶反方向逆时针旋转 $54.211°$(图 2-2).

2. 数值转换为符号表达式

命令格式 sym(p,flagn).

表 2-5 是 sym 函数的参数选择表.

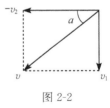

图 2-2

表 2-5 sym 函数的参数选择

flagn	说　明
'd'	返回十进制的数值(默认位数 32)
'e'	返回带有机器浮点误差的有理数
'f'	返回符号的浮点式
'r'	返回符号的有理式(系统默认)

例 2-13 将 $p=0.3$ 转换为符号表达式.

解 MATLAB 命令窗口输入

```
>>p=0.3;
>>sym(p,'d')
ans=
    .29999999999999998889776975374843
>>digits(5)    % 取 5 位有效数字
```

```
>>sym(p,'d')
ans=
    .30000
>>sym(p,'e')
ans=
    3/10-eps/20
>>sym(p,'f')
ans=
    '1.3333333333333' * 2^(-2)
>>sym(p,'r')
ans=
    3/10
```

2.2.7 符号变量替换

表 2-6 是 subs 函数表.

表 2-6 subs 函数

命令格式	功 能
subs(f,new)	用 new 替换 f 中的自变量
subs(f,old,new)	用符号或数值变量 new 替换 f 中符号变量 old

例 2-14 计算 $f=x^2\sin x$ 在 $x=\dfrac{\pi}{2}$ 及 $x=0:\dfrac{\pi}{3}:2\pi$ 的函数值.

解 MATLAB 命令窗口输入

```
>>syms x
>>f=x^2 * sin(x);
>>f1=subs(f,pi/2)
f1=
    2.4674
>>f2=subs(f,0:pi/3:2 * pi)
f2=
    0  0.9497  3.7988  0.0000  -15.1953  -23.7426  -0.0000
```

例 2-15 已知 $f=ax^n+b$,对其进行符号变量替换 $a=\sin t,b=\cos t$,符号常量替换 $x=2,n=4$.

解 MATLAB 命令窗口输入

```
>>syms a b n x t
>>f=a * x^n+b;
>>subs(f,[a,b],[sin(t),cos(t)])
ans=
    sin(t) * x^n+cos(t)
```

```
>>subs(f,[x,n],[2,4])
ans=
    16*a+ b
```

2.2.8　符号表达式 f 的化简

表 2-7 是符号表达式的化简表.

表 2-7　符号表达式的化简

命令格式	功　　能
factor(f)	对 f 进行因式分解,对整数进行最佳因式分解
expand(f)	将 f 展开
collect(f)	将 f 按默认变量合并同类项
collect(f,v)	将 f 按指定变量 v 合并同类项
numden(f)	将 f 通分,返回分子
[n,d]=numden(f)	将 f 通分,返回分子 n,分母 d
simplify(f)	运用多种恒等变换对 f 进行化简
simple(f)	运用包括 simplify 在内的多种方法化简 f 位最短形式
[R,How]=simple(f)	返回 R 为 f 的化简形式,How 为化简方法

例 2-16　已知 $f=x^3-6x^2+15x-14$,对其进行因式分解.

解　MATLAB 命令窗口输入

```
>>syms x
>>f=x^3-6*x^2+15*x-14;
>>f1=factor(f)
f1=
    (x-2)*(x^2-4*x+7)
```

例 2-17　已知 $s=31579$,对其进行质因子分解.

解　MATLAB 命令窗口输入

```
>>s1=factor(sym('315790'))
s1=
    (2)*(5)*(23)*(1373)
```

例 2-18　已知 $f=(2x-5)^4$,将其展开为多项式.

解　MATLAB 命令窗口输入

```
>>expand(sym((2*x-5)^4))
ans=
    16*x^4-160*x^3+600*x^2-1000*x+625
```

例 2-19　已知 $f=(\sin a+x)^2(x+1)$,按不同变量合并同类项.

解　MATLAB 命令窗口输入

```
>>syms a x
```

```
>>f=(sin(a)+x)^2*(x+1);
>>f1=collect(f)
f1=
    x^3+(2*sin(a)+1)*x^2+(sin(a)^2+2*sin(a))*x+sin(a)^2
>>f2=collect(f,sin(a))
f2=
    (x+1)*sin(a)^2+2*x*(x+1)*sin(a)+x^2*(x+1)
```

例 2-20　将 $f=\dfrac{b}{a}+\dfrac{a}{b}$ 通分.

解　MATLAB 命令窗口输入

```
>>syms a b
>>f=b/a+a/b;
>>[n,d]=numden(f)
n=
    b^2+a^2
d=
    a*b
>>f1=n/d
f1=
    (b^2+a^2)/a/b
>>numden(f)
ans=
    b^2+a^2
```

例 2-21　化简 $f=\cos x+\sqrt{-\sin^2 x}$.

（1）运用 simplify 化简.

解　MATLAB 命令窗口输入

```
>>syms x
>>f=cos(x)+sqrt(-sin(x)^2);
>>f1=simplify(f)
f1=
    cos(x)+(-sin(x)^2)^(1/2)
>>f2=simplify(f1)
f2=
    cos(x)+(-sin(x)^2)^(1/2)
```

多次运用 simplify 不能得到最简结果.

（2）运用 simple 化简.

解　MATALB 命令窗口输入

```
>>r1=simple(f)
r1=
```

```
        cos(x)+i*sin(x)
>>r2=simple(r1)
r2=
        exp(i*x)
```

结果：$f=\cos x+\sqrt{-\sin^2 x}=\mathrm{e}^{\mathrm{i}x}$，多次运用 simple 可以得到最简表达式.

2.2.9　求解符号代数方程

表 2-8 是一般符号代数方程组的求解表.

表 2-8　一般符号代数方程组求解

命　令	功　能	说　明
solve('equ')	对系统默认自变量求符号方程的解	equ 为符号方程或符号表达式
solve('equ',v)	对指定自变量 v 求符号方程的解	同上
solve('equ1','equ2',…,'equn')	对系统默认自变量求解方程组的解	输出 s 是已构架数组，由命令 s. 变量显示结果
[v1,v2,…,vn]=solve('equ1',…,'equn','v1',…,'vn')	对指定变量求符号方程组的解	输出指定变量行向量

例 2-22　解方程 $5x^2+x-x\sqrt{5x^2-1}-2=0$.

解　MATLAB 命令窗口输入

```
>>x=solve('5*x^2+x-x*sqrt(5*x^2-1)-2')    %符号解
x=
        [1/5*10^(1/2)]
        [-1/5*10^(1/2)]
>>x=eval(x)                                %数值解
x=
         0.6325
        -0.6325
```

结果：方程的解是 $x_1=0.6325$，$x_2=-0.6325$.

例 2-23　解方程 $ax^2+bx+c=0$，并求 $a=1,b=2,c=2$ 时的值数解.

解　MATLAB 命令窗口输入

```
>>x=solve('a*x^2+b*x+c')                   % 符号解
x=
        [1/2/a*(-b+(b^2-4*a*c)^(1/2))]
        [1/2/a*(-b-(b^2-4*a*c)^(1/2))]
>>x=subs(x,'[a,b,c]',[1,2,2])              % 数值解
x=
        -1.0000+1.0000i
        -1.0000-1.0000i
```

结果:$a=1,b=2,c=2$ 时的值数解是 $x_1=-1+\mathrm{i},x_2=-1-\mathrm{i}$.

例 2-24　分别求方程 $\sin x+b\tan a=0$ 当自变量为 x 和 a 时的解.

解　MATLAB 命令窗口输入

```
>>syms a b x
>>f=sin(x)+b*tan(a);
>>x=solve(f)
x=
    -asin(b*tan(a))
>>a=solve(f,a)
a=
    -atan(sin(x)/b)
```

结果:当自变量为 x 时,方程的解是 $x=-\arcsin(b\tan a)$;

当自变量为 a 时,方程的解是 $a=-\arctan\left(\dfrac{\sin x}{b}\right)$.

例 2-25　解方程组 $\begin{cases}x^2+xy+y=a\\x^2+bx+c=0\end{cases}$,并求 $a=3,b=-4,c=3$ 时的 x,y.

解　MATLAB 命令窗口输入

```
>>s=solve('x^2+x*y+y-a','x^2+b*x+c')   % 输出构架数组
>>s.x
ans=
    [-1/2*b+1/2*(b^2-4*c)^(1/2)]
    [-1/2*b-1/2*(b^2-4*c)^(1/2)]
>>s.y
ans=
    [(a+b*(-1/2*b+1/2*(b^2-4*c)^(1/2))+c)/(-1/2*b+1/2*(b^2  -4*
    c)^(1/2)+1)]
    [(a+b*(-1/2*b-1/2*(b^2-4*c)^(1/2))+c)/(-1/2*b-1/2*(b^2  -4*
    c)^(1/2)+1)]
>>x=eval(subs(s.x,'[a,b,c]',[3,-4,3]))
x=
    3
    1
>>y=subs(s.y,'[a,b,c]',[3,-4,3])
y=
    -1.5000
    1.0000
```

结果:当 $a=3,b=-4,c=3$ 时的值数解是 $\begin{cases}x_1=3\\y_1=-1.5\end{cases},\begin{cases}x_2=1\\y_2=1\end{cases}$.

例 2-26 解方程组 $\begin{cases} y^2-z^2=x^2 \\ y+z=a \\ x^2-bx=c \end{cases}$ ，并求 $a=1,b=2,c=3$ 时的 x,y,z．

解 MATLAB 命令窗口输入

```
>>[x,y,z]=solve('y^2-z^2-x^2','y+z-a','x^2-b*x-c')
x=
    [1/2*b+1/2*(b^2+4*c)^(1/2)]
    [1/2*b-1/2*(b^2+4*c)^(1/2)]
y=
    [1/2*(a^2+b*(1/2*b+1/2*(b^2+4*c)^(1/2))+c)/a]
    [1/2*(a^2+b*(1/2*b-1/2*(b^2+4*c)^(1/2))+c)/a]
z=
    [1/2*(a^2-b*(1/2*b+1/2*(b^2+4*c)^(1/2))-c)/a]
    [1/2*(a^2-b*(1/2*b-1/2*(b^2+4*c)^(1/2))-c)/a]
>>a=1;b=2;c=3;
>>eval([x,y,z])
ans=
     3    5   -4
    -1    1    0
```

结果：当 $a=1,b=2,c=3$ 时的值数解是 $\begin{cases} x_1=3 \\ y_1=5 \\ z_1=-4 \end{cases}$ ，$\begin{cases} x_2=-1 \\ y_2=1 \\ z_2=0 \end{cases}$ ．

2.3 实 验 任 务

1. 创建表达式 $y=\dfrac{\sqrt{4x^2+1}}{2\sin 3x-5}$，并求 $x=2$ 时 y 的值．

2. 分别用 M 文件和函数文件创建表达式

$$y=\arctan\left(\frac{2\pi a+\dfrac{e}{2\pi bc}}{d}\right),$$

并计算 $a=1.2,b=-4.6,c=8.0,d=3.5,e=-4.0$ 时 y 的值．

3. 已知 $f=2x+3,g=4x^3+5x-2$，求 $f+g$；$f-g$；$f\cdot g$；$\dfrac{g}{f}$；$f[g(x)]$ 以及 g 的反函数．

4. (1) 求方程 $a_4x^4+a_3x^3+a_2x^2+a_1x+a_0=0$ 的符号解；

(2) 求方程取 $a_0=-3,a_1=-10,a_2=-14,a_3=-5,a_4=1$ 的数值解．

5. 解方程组 $\begin{cases} x^2+xy+xz=a \\ xy+y^2+yz=b \\ xz+yz+z^2=c \end{cases}$ ，并求 $a=6,b=12,c=18$ 时的 x,y,z．

6. 某工厂今年一月、二月、三月分别生产某产品 1 万件、1.2 万件、1.3 万件. 分别用二次函数和函数 $y=ab^x+c$ 模拟月产量 y 与月份数 x 间的关系. 已知 4 月份该产品产量为 1.37 万件, 试确定哪一个模拟函数更好?

7. 煤气收费问题: 某家庭一月份、二月份、三月份煤气用量支付费如表 2-9 所示. 该地区煤气收费方法为

$$煤气费 = 基本费 + 超额费 + 保险费$$

若每月用气不超过最低额度 $a\text{m}^3$, 则只付基本费 3 元和每月每度定额保险费 c 元; 若用气超过 $a\text{m}^3$, 超过部分每立方米付费 b 元, 并知保险费不超过 5 元. 试建立用气量与煤气费的函数关系式, 并计算用气量从 5m^3 至 40m^3 的煤气费.

表 2-9　1 月份至 3 月份煤气支付费

月　份	用气量/m³	煤气费/元
一月	4	4
二月	25	14
三月	35	19

8. 甲、乙两个物体从同一地点先后竖直上抛, 若甲物体抛出 2s 后再抛出乙物体, 它们抛出时的初速度 $v_0=20\text{m/s}$, 两物体何时相遇? 何处相遇?

实验 3　一元函数的图形

3.1　实 验 目 的

(1) 学习用软件绘制平面图形的方法.

(2) 通过观察图形特征来分析函数的有关特性,建立数形结合的思想.

3.2　预 备 知 识

3.2.1　显函数

设一元函数 $y=f(x)$ 的定义域为 D,动点 $(x,f(x))(x\in D)$ 的运动轨迹称为函数 $y=f(x)$ 的图形. 它是一条平面曲线.

3.2.2　参数方程

$$\begin{cases} x=x(t), \\ y=y(t), \end{cases} (a\leqslant t\leqslant b)$$

当参数 t 从 a 变化到 b 时,对应的点 (x,y) 的图形是一条平面曲线.

3.2.3　隐函数

$F(x,y)=0$ 的图形是一条平面曲线.

3.3　实 验 内 容

3.3.1　二维平面图形的描绘方法

(一) 离散数据作图

1. 数值图

表 3-1 是 plot 函数表.

表 3-1　plot 函数表

命　令	功　能
plot(Y,'s')	以向量 Y 为纵坐标,Y 的元素下标为横坐标,作数值图. s 用来指定线型和颜色,可缺省

命　令	功　能
plot(X,Y,'s')	当 X,Y 都是 n 维向量时,绘制以 X,Y 为横、纵坐标向量的曲线. 当 X 为 n 维向量, Y 为 $n \times s$ 或 $s \times n$ 矩阵时,绘制以 X 为横坐标向量的 s 条曲线
plot(x1,y1,'s1',x2,y2,'s2',⋯)	每个三元组 $(xi,yi,'si')$ 绘制一条曲线

2. 绘图参数

表 3-2 是绘图参数表.

表 3-2　绘图参数表

符　号	颜　色	符　号	颜　色
b	蓝	•	点
c	青	o	圆
g	绿	×	叉号
k	黑	+	加号
m	紫	*	星号
r	红	—	实线
w	白	:	点线
y	黄	—.	点划线
		——	虚线

3. 作图步骤

(1) 取自变量数据向量;

(2) 计算因变量向量;

(3) 调用命令作图.

例 3-1　绘制散点图,其中 $Y = [1,2,5,6,3,0,4]$.

解　MATLAB 命令窗口输入

\>>Y=[1 2 5 6 3 0 4];

\>>plot(Y,'r*')

散点图如图 3-1 所示.

例 3-2　在同一图形窗口绘制正、余弦函数的图形.

解　MATLAB 命令窗口输入

方法一

\>>X=0:0.01:2*pi;

\>>Y=[sin(X);cos(X)];

\>>plot(X,Y)

图形如图 3-2 所示.

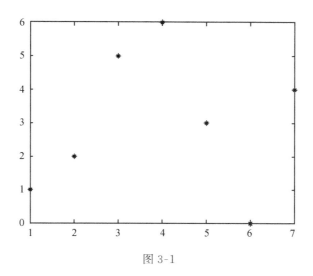

图 3-1

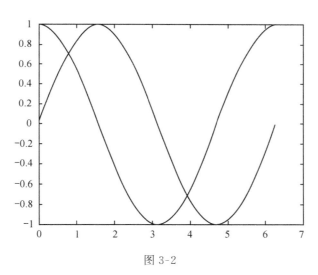

图 3-2

方法二

```
>>X=0:0.01:2*pi;
>>Y1=sin(X);
>>Y2=cos(X);
>>plot(X,Y1,'r-')
>>hold on        %保持图形窗口
>>plot(X,Y2,'m*')
>>hold off       %释放窗口
```

图形如图 3-3 所示.

方法三

```
>>X=0:0.01:2*pi;
```

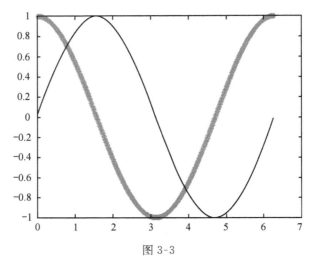

图 3-3

```
>>Y1=sin(X);
>>Y2=cos(X);
>>plot(X,Y1,'r+-',X,Y2,'bo:')
```

图形如图 3-4 所示.

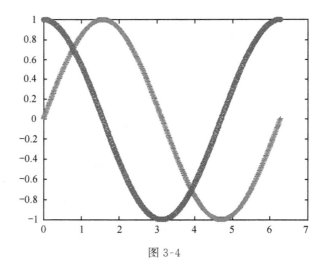

图 3-4

(二) 二维数值函数作图

表 3-3 是 fplot 函数表.

表 3-3 fplot 函数

命 令	功 能
fplot(fun, lims)	绘制函数 fun(函数字符串、内联函数、m 函数文件)的曲线 lims$=[x\min, x\max]$确定 x 的范围, lims$=[x\min, x\max, y\min, y\max]$ 确定 x, y 的范围. 绘图数据点自适应产生, 函数变化大, 所取数据较密, 否则较疏
[X, Y]$=$fplot(fun, lims)	返回绘图的数据点向量 X 和 $Y=$fun(X), 不绘制图形

例 3-3　分别用 fplot 和 plot 命令作 $y=\sin\dfrac{1}{x}(-0.1\leqslant x\leqslant 0.1)$ 的图形.

解　MATLAB 命令窗口输入

```
>>[X,Y]=fplot('sin(1/x)',[-0.1,0.1]);
>>n=length(X);
>>x=linspace(-0.1,0.1,n);     % n 个等距绘图点横坐标
>>y=sin(1./x);
>>subplot(1,2,1)              %图形窗口分为 1 行 2 列,选择第一子图
>>plot(X,Y)                   %fplot 产生的数据作图
>>subplot(1,2,2)              %选择第二子图
>>plot(x,y)                   % n 个等距点作图
```

图形如图 3-5 所示.

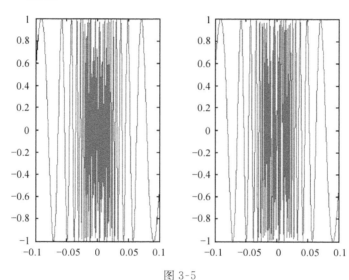

图 3-5

（三）二维符号函数作图

表 3-4 是 ezplot 函数表.

表 3-4　**ezplot 函数**

符号函数类型	命　令	功　能
显函数 $y=f(x)$	ezplot(f,[a,b])	绘制 $y=f(x)$ 在 $x\in[a,b]$ 上的图形,默认区间是 $x\in[-2\pi,2\pi]$
隐函数 $f(x,y)=0$	ezplot(f,[a,b,c,d])	绘制 $f(x,y)=0$ 在 $x\in[a,b],y\in[c,d]$ 的图形,默认区间 $x\in[-2\pi,2\pi],y\in[-2\pi,2\pi]$ 上的图形
	ezplot(f,[a,b])	绘制 $f(x,y)=0$ 在 $x\in[a,b],y\in[a,b]$ 的图形
参数方程 $\begin{cases}x=x(t)\\y=y(t)\end{cases}$	ezplot(x,y,[a,b])	绘制 $x=x(t),y=y(t)$ 在 $t\in[a,b]$ 上的图形,默认区间 $t\in[0,2\pi]$

例 3-4　用 ezplot 命令绘制函数 $y=x\sin x$ 的图形.

解　MATLAB 命令窗口输入

```
>>ezplot('x * sin(x)')
```

图形如图 3-6 所示.

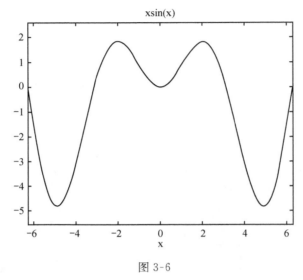

图 3-6

例 3-5　用 ezplot 命令绘制隐函数 $e^y+xy-e=0$ 在 $-6\leqslant x\leqslant 6$，$-5\leqslant y\leqslant 5$ 上的图形.

解　MATLAB 命令窗口输入

```
>>ezplot('exp(y)+x * y-exp(1)',[-6,6,-5,5])
```

图形如图 3-7 所示.

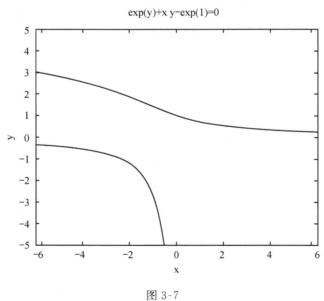

图 3-7

例 3-6　用 ezplot 命令绘制摆线 $\begin{cases} x=t-\sin t \\ y=1-\cos t \end{cases}$, $0 \leqslant t \leqslant 2\pi$ 的图形.

解　MATLAB 命令窗口输入

```
>>ezplot('t-sin(t)','1-cos(t)')
```

图形如图 3-8 所示.

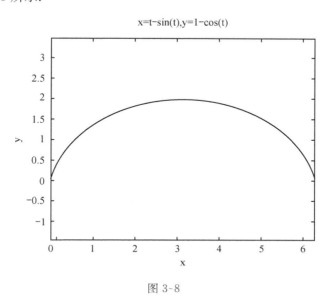

图 3-8

（四）极坐标下作图

表 3-5 是 polar 函数表.

表 3-5　polar 函数

类　型	命　令	功　能
数值图	polar(θ,r,'s')	绘制极角为 θ,极径为 r 的极坐标曲线,s 表示线形、颜色
函数图 $r=f(\theta)$	ezpolar(f,[a,b])	绘制极坐标函数 $r=f(\theta)$ 在区间 $\theta \in [a,b]$ 上的曲线,默认区间是 $[0,2\pi]$

例 3-7　绘制三叶玫瑰线 $r=\sin(3\theta)$.

解　MATLAB 命令窗口输入

方法一　数值图（图 3-9）

```
>>theta=0:0.1:2*pi;
>>r=sin(3*theta);
>>polar(theta,r,'r-')
```

方法二　符号函数图（图 3-10）

```
>>ezpolar('sin(3*theta)',[0,2*pi])
```

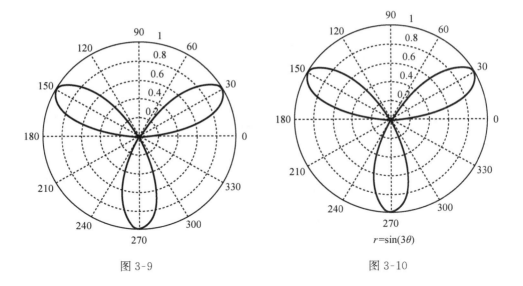

图 3-9　　　　　　　　　　　　　　　图 3-10

3.3.2　图形的标注与控制

1. 图形的标注

表 3-6 是图形标注函数表.

表 3-6　图形标注函数

函　数	功　能
xtable('str')	标注横坐标轴
ytable('str')	标注纵坐标轴
title('str')	标注图形标题
text(x,y,'str')	在图形窗口的 (x,y) 坐标处书写注释
gtext('str')	利用鼠标添加注释到指定位置
legend('str1','str2',…,pos)	对一幅图中多条曲线进行顺序图例说明. pos 用于指定图例框位置,-1:图右侧;0:自动取最佳位置;1:右上角(缺省值);2:上角;3:左下角;4:右下角

2. 图形的控制

表 3-7 是图形控制函数表.

表 3-7　图形控制函数

函　数	功　能
hold on(off)	保持(释放)当前图形窗口
grid on(off)	在图形窗口中添加(删除)网络线
subplot(m,n,k)	将图形窗口分割为 $m×n$ 个窗格,第 k 个窗格为当前子图
axis([xmin,xmax,ymin,ymax])	设置坐标轴的最小最大值

例 3-8　绘制分段函数 $y=\begin{cases}2\sqrt{x}, & 0\leqslant x\leqslant 1 \\ 1+x, & 1\leqslant x\leqslant 3\end{cases}$ 的图形.

解　MATLAB 命令窗口输入

```
>>x1=0:0.05:1;
>>y1=2 * sqrt(x1);
>>x2=1:0.05:3;
>>y2= 1+x2;
>>plot(x1,y1,'r-',x2,y2,'b-')
>>text(0.25,1.5,'y=x^{1/2}')
>>text(1.45,2.8,'y=1+x')
>>xlabel('x')
>>ylabel('y')
>>title('分段函数作图')
```

图形如图 3-11 所示.

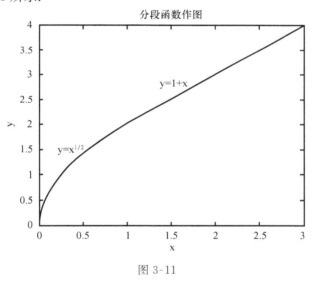

图 3-11

例 3-9　两车相遇问题:某市长途汽车站与火车站相距 10km,有两路公共汽车来往其间.一路是有 10 余个站台的慢车,从起点到终点需要 24min;另一路是直达快车,快车比慢车迟开 6min,却早 6min 到达.分别求两车单程所走的路程 s 与行驶时间 t 的函数表达式,并用图示法表示两车在何时,何地相遇?

解　分析:由题意知慢车平均速度为 10/24km/min,快车平均速度为10/12km/min,所求函数关系是

慢车

$$s = \frac{5}{12}, \quad 0\leqslant t\leqslant 24.$$

快车

$$s=\begin{cases}0, & 0\leqslant x\leqslant 6,\\ \dfrac{6}{5}x-5, & 0<x<18,\\ 10, & 18\leqslant x\leqslant 24.\end{cases}$$

MATLAB 命令空间输入

```
>>t1=0:24;
>>s1=5/12 * t1;
>>t2=0:6;
>>s2=0;
>>t3=6:18;
>>s3=5/6 * t3-5;
>>t4=18:24;
>>s4=10;
>>plot(t1,s1,'b-',t2,s2,'r-',t3,s3,'r-',t4,s4,'r-')
>>text(12.5,5,'(12,5)')
>>legend('慢车','快车',0)
>>xlabel('t')
>>ylabel('s')
>>title('两车相遇图示')
```

结果:观察图形得知两车在 12min 时,离始发站 5000m 的地方相遇(图 3-12).

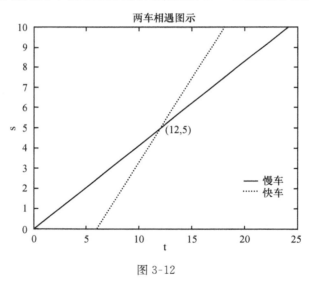

图 3-12

3.4 实 验 任 务

1. 试验数据如表 3-8 所示,请将三条曲线绘制在同一图形窗口. 其中氮肥用红色实线,磷肥用紫色虚线,钾肥用绿色点线.

表 3-8 氮肥、磷肥、钾肥试验数据

试验号	氮　肥	磷　肥	钾　肥
1	179	146	272
2	178	144	472
3	179	246	272
4	179	246	472
5	339	146	272
6	339	146	472
7	339	246	272
8	340	256	472

2. 作函数 $y=\cos(\tan(\pi x))$ 的图形. 要求：

（1）用命令 subplot 将图形窗口分为 4 个子块；

（2）分别用命令 plot 和 fplot 在 $x\in[0,1]$ 上作图；

（3）分别用命令 axis 在 $x\in[0.4,0.6]$，$y\in[-1,1]$ 上将图形局部放大.

3. 用命令 ezplot 绘制下列函数在给定区间上的图形：

（1）$y=\dfrac{x}{1+x^2}$，$x\in[-6,6]$；　　　　（2）$y=\ln x$，$x\in[0,5]$；

（3）$y=\mathrm{e}^{\arctan x}$，$x\in[-6,6]$；　　　　（4）$y=\dfrac{\tan\sin x-\sin\tan x}{x^2}$，$x\in[-5,5]$.

4. 作下列参数方程的图形：

（1）$\begin{cases}x=t(1-\sin t)\\ y=t\cos t\end{cases}$，$t\in[-2,2]$；　　（2）$\begin{cases}x=\dfrac{t^2}{2}\\ y=1-t\end{cases}$，$t\in[-3,3]$.

5. 作下列隐函数的图形：

（1）$xy+\dfrac{6}{x}+\dfrac{6}{y}=0$，$x\in[-3,3]$，$y\in[-2,2]$；

（2）$xy=\mathrm{e}^{x+y}$，$x\in[-3,0]$，$y\in[-2,0]$.

6. 作下列函数的图形：

（1）$r=2(1-\cos\theta)$，$\theta\in[0,2\pi]$；

（2）$r=3\theta$，$\theta\in[0,3\pi]$.

7. 去某地参观学习需要包车前往. 甲车队说："如果领队买全票一张，其余人可享受半票优惠"；乙车队说："你们属集体票，按 2/3 的原价优惠."这两车队的原价、车型是一样的. 试根据去的人数，比较两车队的收费哪家更优惠，用图示法表示.

8. 收音机每台售价 90 元，成本为 60 元，厂家为鼓励销售商采购，决定凡是定购量超过 100 台以上的，每多定一台售价就降低一分，但最低价为 75 元/台. 求：

（1）每台的实际售价 P 与定购量 x 的函数关系，并画图；

（2）利润 L 与定购量 x 的函数关系，并作图.

9. 梯形如图 3-13 所示. 当一垂直于 x 轴的直线从左向右扫过该梯形时, 若直线的垂足为 x, 试将扫过的面积表示为 x 的函数, 并用图形表示.

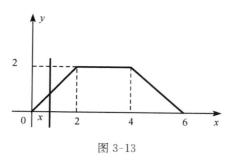

图 3-13

实验 4 极限与间断点

4.1 实 验 目 的

(1) 学习用软件求极限的方法.

(2) 通过图形演示、观察极限过程，加深对极限、无穷小、无穷大等基本概念的认识.

(3) 通过观察几何图形，熟悉几种类型的间断点的特征.

4.2 预 备 知 识

4.2.1 数列极限

数列 $\{x_n\}$，如果存在常数 a，对 $\forall \varepsilon > 0$，$\exists$ 正整数 N，使当 $n > N$ 时，不等式 $|x_n - a| < \varepsilon$ 恒成立，则称 a 为数列 $\{x_n\}$ 的极限，记为 $\lim\limits_{n \to \infty} x_n = a$.

4.2.2 函数极限

1. $x \to x_0$ 时函数 $f(x)$ 的极限

函数 $f(x)$ 在点 x_0 的某一去心邻域内有定义，如果存在常数 A，对 $\forall \varepsilon > 0$，总 $\exists \delta > 0$，使对于适合不等式 $0 < |x - x_0| < \delta$ 的一切 x，不等式 $|f(x) - A| < \varepsilon$ 恒成立，则称 A 为函数 $f(x)$ 当 $x \to x_0$ 时的极限，记作 $\lim\limits_{x \to x_0} f(x) = A$.

2. $x \to \infty$ 时函数 $f(x)$ 的极限

函数 $f(x)$ 当 $|x|$ 大于某一正常数时有定义，如果存在常数 A，对 $\forall \varepsilon > 0$，总 $\exists$ 正数 X，使得适合不等式 $|x| > X$ 的一切 x，不等式 $|f(x) - A| < \varepsilon$ 恒成立，则称 A 为函数 $f(x)$ 当 $x \to \infty$ 时的极限，记作 $\lim\limits_{x \to \infty} f(x) = A$.

4.2.3 无穷小

1. 定义

若 $\lim f(x) = 0 (x \to x_0$ 或 $x \to \infty)$，则称 $f(x)$ 为当 $x \to x_0$（或 $x \to \infty$）时的无穷小.

2. 无穷小的阶

设某极限过程中，α 和 β 都是无穷小，而且 $\lim \dfrac{\beta}{\alpha} = c$.

(1) 若 $c = 0$，则称 β 是比 α 较高阶无穷小，记作 $\beta = o(\alpha)$；

(2) 若 $c \neq 0$，则称 β 与 α 是同阶无穷小；

(3) 若 $c = 1$，则称 β 与 α 是等价无穷小，记作 $\alpha \sim \beta$；

(4) 若 $c = \infty$，则称 β 比 α 低阶无穷小.

4.2.4 无穷大

函数 $f(x)$ 在点 x_0 的某一去心邻域内有定义(或 $|x|$ 大于某一正数时有定义),若对于任意给定的正数 M(不论 M 多么大),总 $\exists\delta>0$(或正数 X),使得只要 $0<|x-x_0|<\delta$(或 $|x|>X$),就有 $f(x)>M$,则称 $f(x)$ 为当 $x\to x_0$(或 $x\to\infty$)时为无穷大.

4.2.5 间断点

1. 第一类间断点 $f(x_0-0)$ 和 $f(x_0+0)$ 存在

(1) x_0 为可去间断点,若 $f(x_0-0)=f(x_0+0)$;

(2) x_0 为跳跃间断点,若 $f(x_0-0)\neq f(x_0+0)$.

2. 第二类间断点 $f(x_0-0)$ 和 $f(x_0+0)$ 至少有一个不存在

(1) x_0 为无穷间断点,若 $\lim\limits_{x\to x_0}f(x)=\infty$;

(2) x_0 为振荡间断点,若 $x\to x_0$ 时 $f(x)$ 来回摆动.

4.3 实验内容

表 4-1 是 limit 函数表.

表 4-1 limit 函数

命　令	功　能
limit(f)	对符号表达式 f 求默认变量趋于 0 时的极限
limit(f,a) 或 limit(f,x,a)	对符号表达式 f 求默认变量趋于 a 时的极限
limit(F,v,a)	对符号表达式 F 求变量 v 趋于 a 时的极限
limit(f,x,a,'left')	求 $x\to a$ 时表达式 f 的左极限
limit(f,x,a,'right')	求 $x\to a$ 时表达式 f 的右极限

例 4-1 数列 $\{x_n\}$,$\{y_n\}$,$\{z_n\}$ 的一般项为

$$x_n = 1+\frac{1}{n}, \quad y_n = \left(1+\frac{1}{n}\right)^n, \quad z_n = 1+(-1)^n\cdot\frac{1}{n}$$

(1) 作前 100 项散点图并观察其变化趋势;(2) 求极限.

解 MATLAB 命令窗口输入

```
>>n=1:100;
>>xn=1+1./n;
>>yn=(1+1./n).^n;
>>zn=1+(-1).^n./n;
>>figure(1)
>>plot(n,xn,'r.')
>>title('数列{1+1/n}前100项散点图')
```

图形如图 4-1 所示.

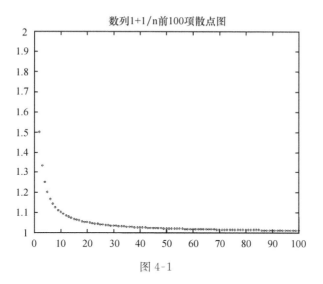

图 4-1

```
>>figure(2)
>>plot(n,yn,'r.')
>>title('数列{(1+1/n)''^n''}前 100 项散点图')
```

图形如图 4-2 所示.

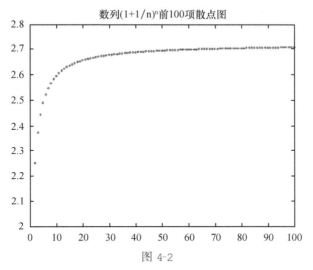

图 4-2

```
>>figure(3)
>>plot(n,zn,'r.')
>>title('数列{1+(-1)''^n''/n}前 100 项散点图')
```

图形如图 4-3 所示.

```
>>syms n
>>a1=limit(1+1/n,n,inf)
```

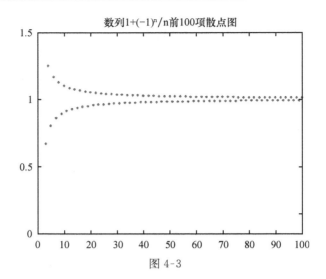

图 4-3

```
a1=

    1
>>a2=limit((1+1/n)^n,n,inf)
a2=

    exp(1)
>>a3=limit(1+(-1)^n/n,n,inf)
a3=

    1
```

结果:观察图形得知,当 n 无限增大时,数列 $\{x_n\}$、$\{z_n\}$ 无限接近于 1,而数列 $\{y_n\}$ 无限接近于 e,与极限 $\lim\limits_{n\to\infty}\left(1+\dfrac{1}{n}\right)=1$,$\lim\limits_{n\to\infty}\left(1+\dfrac{1}{n}\right)^n=$e,$\lim\limits_{n\to\infty}\left(1+(-1)^n\dfrac{1}{n}\right)=1$ 的结果一致.

例 4-2 计算函数极限 $\lim\limits_{x\to0}\dfrac{\tan x}{x}$,$\lim\limits_{x\to1}\left(\dfrac{x}{x-1}-\dfrac{1}{\ln x}\right)$,$\lim\limits_{t\to0}\dfrac{\cos(x+t)-\cos t}{t}$.

解 MATLAB 命令窗口输入

```
>>syms x t
>>a1=limit(tan(x)/x)
a1=

    1
>>a2=limit(x/(x-1)-1/log(x),1)
a2=

    1/2
>>a3=limit((cos(x+t)-cos(x))/t,t,0)
a3=

    -sin(x)
```

结果:$\lim\limits_{x\to0}\dfrac{\tan x}{x}=1$,$\lim\limits_{x\to1}\left(\dfrac{x}{x-1}-\dfrac{1}{\ln x}\right)=\dfrac{1}{2}$,$\lim\limits_{t\to0}\dfrac{\cos(x+t)-\cos t}{t}=-\sin x$.

例 4-3 求极限 $\lim\limits_{x \to -\infty} \dfrac{\ln(\mathrm{e}^x+1)}{\mathrm{e}^x}$，$\lim\limits_{x \to 0^+} \dfrac{a^x+a^{-x}-2}{x^2}$.

解 MATLAB 命令窗口输入

```
>>syms x a
>>b1=limit((log(exp(x)+1))/exp(x),x,inf,'left')
b1=
    0
>>b2=limit((a^x+ a^(-x)-2)/x^2,x,0,'right')
b2=
    log(a)^2
```

结果：$\lim\limits_{x \to -\infty} \dfrac{\ln(\mathrm{e}^x+1)}{\mathrm{e}^x}=0$，$\lim\limits_{x \to 0^+} \dfrac{a^x+a^{-x}-2}{x^2}=\ln^2 x$.

例 4-4 当 $x \to 0$ 时，(1)用定义比较下列无穷小的阶 $\ln(1+x)$ 和 x，$1-\cos x$ 和 x^2，$\tan x-\sin x$ 和 x^2；(2)作图比较，并观察其结果.

解 (1) 当 $x \to 0$ 时比较 $\ln(1+x)$ 和 x.

MATLAB 命令窗口输入

```
>>syms x
>>c1=limit(log(1+x)/x)
c1=1
>>x=-0.5:0.05:0.5;
>>y1=log(1+x);
>>y2=x;
>>plot(x,y1,'r-',x,y2,'b-')
>>legend('y=ln(1+x)','y=x')
>>title('等价无穷小图形的比较')
```

图形如图 4-4 所示.

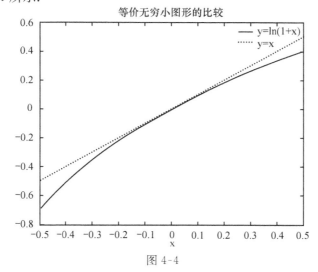

图 4-4

结果：$\lim\limits_{x \to 0}\dfrac{\ln(1+x)}{x}=1$，观察图 4-4 可见：当 $x \to 0$ 时，等价无穷小 $\ln(1+x)$ 和 x 的图形非常接近，几乎重合.

（2）当 $x \to 0$ 时，比较 $1-\cos x$ 和 x^2.

MATLAB 命令窗口输入

```
>>syms x
>>c2=limit((1-cos(x))/x^2)
c2=
    1/2
>>ezplot(1- cos(x),[-.5,.5])
>>text(-.45,.04,'y=1-cos(x)')
>>hold on
>>ezplot(x^2,[-.5,.5])
>>text(- .4,.2,'y=x^2')
>>title('同阶无穷小图形的比较')
>>hold off
```

图形如图 4-5 所示.

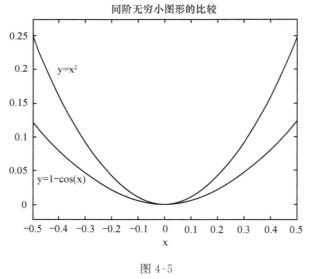

图 4-5

结果：$\lim\limits_{x \to 0}\dfrac{1-\cos x}{x^2}=\dfrac{1}{2}$，观察图 4-5 可知，当 $x \to 0$ 时，同阶无穷小 $1-\cos x$ 和 x^2 趋于 0 的速度基本一致.

（3）当 $x \to 0$ 时，比较 $\tan x-\sin x$ 和 x^2.

MATLAB 命令窗口输入.

```
>>c3=limit((tan(x)-sin(x))/x^2)
c3=
    0
>>ezplot(x^2,[-.5,.5])
```

```
>>text(-.15,.04,'y=x^2')
>>hold on
>>ezplot(tan(x)-sin(x),[-.5,.5])
>>text(-.3,-.02,'y=tan(x)-sin(x)')
>>title('高阶无穷小图形的比较')
>>hold off
```

图形如图 4-6 所示.

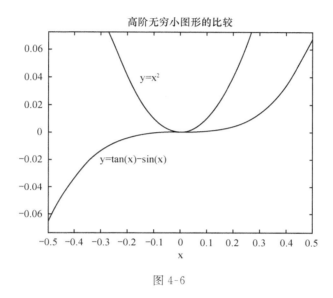

图 4-6

结果:$\lim\limits_{x\to 0}\dfrac{\tan x-\sin x}{x^2}=0$,观察图 4-6 得知,当 $x\to 0$ 时,高阶无穷小 $\tan x-\sin x$ 比 x^2 趋于零的速度更快.

例 4-5 CO_2 的吸收问题.

空气通过盛有 CO_2 吸收剂的圆柱形器皿,已知它吸收 CO_2 的量与 CO_2 的百分浓度及吸收层厚度成正比. 今有 CO_2 含量为 8% 空气,通过厚度为 10cm 的吸收层后,其 CO_2 含量为 2%. 问:

(1) 若通过的吸收层厚度为 30cm,出口处空气中的 CO_2 的含量是多少?

(2) 若要使出口处空气中的 CO_2 的含量为 1%,其吸收层厚度应为多少?

(3) 厚度为 10~30cm 时,出口处 CO_2 的含量散点图.

解 分析:设空气中 CO_2 含量为 x_0,器皿厚度为 d,将 d 分为 n 个等分的小段,每小段吸收层的厚度为 $\dfrac{d}{n}$cm.

已知吸收 CO_2 的量与 CO_2 的百分浓度及吸收层厚度成正比. 并设比例系数为 K,则

第一小段吸收层吸收后,空气中 CO_2 的量 $x_1=x_0-Kx_0\dfrac{d}{n}=x_0\left(1-K\dfrac{d}{n}\right)$;

第二小段吸收层吸收后,空气中 CO_2 的量 $x_2=x_1-Kx_1\dfrac{d}{n}=x_0\left(1-K\dfrac{d}{n}\right)^2$;

……

第 n 小段吸收层吸收后，空气中 CO_2 的量 $x_n = x_0 \left(1 - K \dfrac{d}{n} \right)^n$.

将吸收层无限细分，即 $n \to \infty$ 时，通过厚度为 d 的吸收层后，出口处空气中 CO_2 的含量为

$$a = \lim_{n \to \infty} x_0 \left(1 - K \frac{d}{n} \right)^n.$$

当 $x_0 = 8\%$，$d = 10\mathrm{cm}$，$a = 2\%$ 时可由反函数解出 K.

(1) 由 $x_0 = 8\%$，$d = 30\mathrm{cm}$，以及上面解出的 K，可计算出口处 CO_2 含量 a_1；

(2) 由 $x_0 = 8\%$，上面解出的 K 以及出口处 CO_2 的含量 $a_2 = 1\%$，可由反函数计算出 d.

MATLAB 命令窗口输入

```
>>syms x0 k d n
>>a=limit('x0 * (1-k * d/n)^n',n,inf)
a=
    exp(-k * d) * x0
>>k1=finverse(a,k)    %解反函数 k
k1=
    -log(k/x0)/d
>>k=subs(k1,'k','a0')
k=
    -log((a0)/x0)/d
>>k0=subs(k,'[a0,x0,d]',[0.02,0.08,10])
k0=
    0.1386
>>a1=subs(a,'[k,d,x0]',[k0,30,0.08])
a1=
    0.0013
>>d1=finverse(a,d)    %解反函数 d
d1=
    -log(d/x0)/k
>>d=subs(d1,'d','a2')
d=
    -log((a2)/x0)/k
>>d2=subs(d,'[a2,x0,k]',[0.01,0.08,k0])
d2=
    15
>>%作图
>>a=subs(a,'[x0,k]',[0.08,k0])
a=
```

```
2/25 * exp(-4994651814532287/36028797018963968 * d)
>>ezplot(a,[10,30])
>>xlabel('器皿厚度 d')
>>ylabel('出口处空气中 CO_2 的含量 a')
```

图形如图 4-7 所示.

结果：出口处空气中 CO_2 的含量是 $a=x_0 e^{-Kd}$. 当 $x_0=8\%$，$d=10$cm，$a=2\%$ 时，$K=0.1386$.

（1）当通过的吸收层厚度为 $d=30$cm 时，出口处空气中的 CO_2 的含量是 $a_1=0.13\%$.

（2）当出口处空气中的 CO_2 的含量为 $a_2=1\%$ 时，其吸收层厚度为 $d_2=15$cm.

（3）观察图 4-7 可知，吸收层厚度从 10cm 增大到 30cm 时，出口处空气中的 CO_2 的含量从 2% 下降到 0.125%，下降的速度较快.

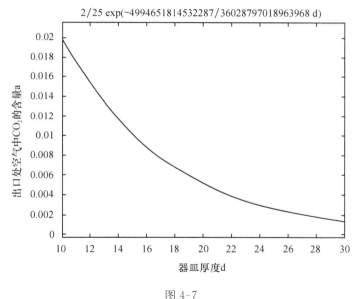

图 4-7

例 4-6　产品利润中的极限问题.

已知生产 x 对汽车挡泥板的成本是 $C(x)=10+\sqrt{1+x^2}$（美元），每对的售价为 5 美元，于是销售 x 对的收入为 $R(x)=5x$（美元）.

（1）出售 $x+1$ 对比出售 x 对所产生的利润增长额为
$$I(x)=[R(x+1)-C(x+1)]-[R(x)-C(x)].$$
当生产稳定，产量很大时，这个增长额为 $\lim\limits_{x\to+\infty} I(x)$，试求这个极限值.

（2）生产了 x 对挡泥板时，每对的平均成本为 $\dfrac{C(x)}{x}$，同时产品产量很大时，每对的成本大致是 $\lim\limits_{x\to\infty}\dfrac{C(x)}{x}$，试求这个极限值.

解 (1) $I(x) = [5(x+1) - (10 + \sqrt{1 + (1+x)^2})] - [5x - (10 + \sqrt{1+x^2})]$
$$= 5 + \sqrt{1+x^2} - \sqrt{1 + (1+x)^2},$$

利润增长额

$$L = \lim_{x \to +\infty} I(x).$$

（2）每对挡泥板的大致成本为

$$C = \lim_{x \to \infty} \frac{10 + \sqrt{1+x^2}}{x}.$$

MATLAB 命令窗口输入

```
>>syms x
>>I=5+sqrt(1+x^2)-sqrt(1+(1+x)^2);
>>L=limit(I,x,inf)
L=
    4
>>C=limit((10+sqrt(1+x^2))/x,x,inf)
C=
    1
```

结果：当生产稳定，产量很大时，利润增长额为 4 美元，每对挡泥板的成本大致是 1 美元.

例 4-7 （1）求极限 $I_1 = \lim\limits_{x \to +\infty} e^x$, $I_2 = \lim\limits_{x \to +\infty} x^{100}$, $I_3 = \lim\limits_{x \to +\infty} \ln x$, $I_4 = \lim\limits_{x \to +\infty} \dfrac{x^{100}}{e^x}$,
$I_5 = \lim\limits_{x \to +\infty} \dfrac{\ln x}{x^{100}}$;

（2）在同一图形窗口做曲线 $y = e^x$, $y = x^2$, $y = x$, $y = \sqrt{x}$, $y = \ln x$，并观察几何意义.

解 MATLAB 命令窗口输入

```
>>syms x
>>I1=limit(exp(x),inf)
I1=
    inf
>>I2=limit(x^100,inf)
I2=
    inf
>>I3=limit(log(x),inf)
I3=
    inf
>>I4=limit(x^100/exp(x),inf)
I4=
    0
>>I5=limit(log(x)/x^100,inf)
I5=
```

     0

```
>>x=0+eps:0.01:2;
>>plot(x,exp(x),x,x.^2,x,x,x,sqrt(x),x,log(x))
>>axis([0,2,-1,4])
>>text(0.2,1.5,'y=e^x')
>>text(1.1,1.6,'y=x^2')
>>text(1.4,1.6,'y=x')
>>text(1.6,1.4,'y=x^{1/2}')
>>text(1,0.25,'y=ln(x)')
>>title('趋于无穷大的速度比较')
```

图形如图 4-8 所示.

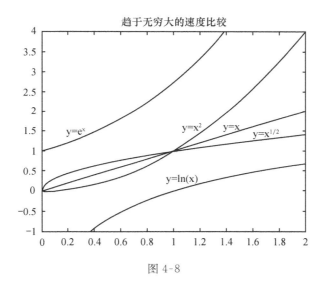

图 4-8

结果：(1) $I_1 = \lim\limits_{x \to +\infty} e^x = \infty$, $I_2 = \lim\limits_{x \to +\infty} x^{100} = \infty$, $I_3 = \lim\limits_{x \to +\infty} \ln x = \infty$, $I_4 = \lim\limits_{x \to +\infty} \dfrac{x^{100}}{e^x} = 0$,

$I_5 = \lim\limits_{x \to +\infty} \dfrac{\ln x}{x^{100}} = 0$.

(2) 观察图 4-8 得知,指数函数较幂函数趋于无穷大的速度快;幂函数较对数函数趋于无穷大的速度快.

例 4-8 判断下列函数 $y = f(x)$ 的间断点的类型,并作图表示.

(1) $y = (1+x)^{\frac{1}{x}}$;　　　　　(2) $y = \cos^2 \dfrac{1}{x}$;

(3) $y = \dfrac{1}{\ln|x|}$;　　　　　　(4) $y = \begin{cases} x-1, & x \leqslant 1 \\ 3-x, & x > 1 \end{cases}$.

解 MATLAB 命令窗口输入

```
>>syms x
>>I1=limit((1+x)^(1/x))
I1=
```

```
    exp(1)
>>I2=limit(cos(1/x)^2)
I2=
     0 .. 1
>>I31=limit(1/log(abs(x)))
I31=
     0
>>I32=limit(1/log(abs(x)),-1)
I32=
     NaN
>>I33=limit(1/log(abs(x)),1)
I33=
     NaN
>>I41=limit(x-1,x,1,'left')
I41=
     0
>>I42=limit(3-x,x,1,'right')
I42=
     2
>>subplot(2,2,1)
>>ezplot((1+x)^(1/x),[-0.5,0.5])
>>subplot(2,2,2)
>>ezplot(cos(1/x)^2,[-0.1,0.1])
>>subplot(2,2,3)
>>ezplot(1/log(abs(x)),[-1.5,1.5])
>>subplot(2,2,4)
>>x1=0:0.01:1;
>>x2=1+eps:0.01:2;
>>plot(x1,x1-1,x2,3-x2)
```

结果:观察图 4-9 可知:

(1) 函数 $y=(1+x)^{\frac{1}{x}}$ 在 $x=0$ 是可去间断点,令 $f(0)=\mathrm{e}\left(\lim\limits_{x\to 0}(1+x)^{\frac{1}{x}}=\mathrm{e}\right)$,函数在该点连续;

(2) 函数 $y=\cos^2\dfrac{1}{x}$ 在 $x=0$ 为振荡型间断点(极限不存在);

(3) 函数 $y=\dfrac{1}{\ln|x|}$ 在 $x=0$ 是可去间断点,令 $f(0)=0\left(\lim\limits_{x\to 0}\dfrac{1}{\ln|x|}=0\right)$,函数在该点连续;在 $x=\pm 1$ 为无穷间断点 $\left(\lim\limits_{x\to 1}\dfrac{1}{\ln|x|}=\infty,\lim\limits_{x\to -1}\dfrac{1}{\ln|x|}=\infty\right)$;

(4) 函数 $y=\begin{cases}x-1,x\leqslant 1\\3-x,x>1\end{cases}$ 在 $x=1$ 是跳跃型间断点 $\left(\lim\limits_{x\to 1^-}(x-1)=0,\lim\limits_{x\to 1^+}(3-x)=2\right)$.

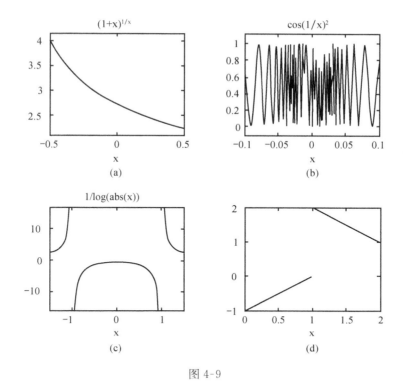

图 4-9

4.4 实 验 任 务

1. 数列 $\{x_n\}$ 的一般项 $x_n = \dfrac{n-1}{n+1}$，$x_n = \dfrac{1}{n}\sin\dfrac{\pi}{n}$，$x_n = \dfrac{1}{n}\cos\dfrac{n\pi}{2}$.

（1）求极限；

（2）分别作 3 幅图，每幅图包括数列前 100 项散点图和极限图（用实线表示）.

2. 求下列极限：

$$\lim_{x\to 0}\frac{e^x - e^{-x}}{\sin x}, \quad \lim_{x\to a}\frac{x^m - a^m}{x^n - a^n}, \quad \lim_{x\to\infty}\left(\frac{1+x}{x}\right)^{2x}, \quad \lim_{x\to 1^-}e^{\frac{1}{x-1}}, \quad \lim_{x\to 1^+}e^{\frac{1}{x-1}}.$$

3. 比较无穷小：

（1）$\dfrac{1-x}{1+x}$ 与 $1-\sqrt{x}\,(x\to 1)$；

（2）$1-x$ 与 $1-\sqrt[8]{x}\,(x\to 1)$；

（3）x 与 $2\sin^2 x\,(x\to 0)$ 的阶，并用图示法表示.

4. 求下列函数 $y=f(x)$ 的间断点，指出间断点的类型，并作图表示.

（1）$y=\dfrac{x^2-1}{x^2-3x+2}$；　　　　（2）$y=\sin\dfrac{1}{x}$；

（3）$y=\dfrac{1}{1+2^{\frac{1}{x}}}$；　　　　　（4）$y=e^{\frac{1}{x-1}}$.

5. 某顾客向银行存入本金 P 元，n 年后他在银行的存款是本金及利息之和. 设银行规定年复利为 r，每年结算 m 次，当 m 趋于无穷时，顾客的最终存款是多少？

6. 由实验知，某种细菌繁殖的速度在培养基充足等条件满足时与当时已有的数量成正比，即 $v = kA_0$（$k > 0$ 为比例系数），问经过时间 t 以后细菌的数量是多少？

实验 5　一元函数微分学

5.1　实 验 目 的

（1）学习用软件求导数的方法.

（2）会用软件描绘函数的曲线、割线和切线，从几何上直观理解中值定理的几何意义.

（3）学习用软件求函数的泰勒展开式，通过绘制泰勒多项式的图形，直观理解泰勒多项式在局部逼近函数的意义.

（4）掌握用软件求一元函数极值的方法.

5.2　预 备 知 识

5.2.1　导数

1. 显函数的导数

$$f'(x_0) = \lim_{\Delta x \to 0} \frac{f(x_0 + \Delta x) - f(x_0)}{\Delta x}.$$

几何意义：曲线 $y = f(x)$ 在点 x_0 处的斜率.

2. 隐函数的导数

$$F(x, y) = 0 (y = y(x)), \quad \frac{\mathrm{d}y}{\mathrm{d}x} = -\frac{F_x}{F_y}.$$

3. 参数方程的导数

$$\begin{cases} x = x(t) \\ y = y(t) \end{cases}, \quad \frac{\mathrm{d}y}{\mathrm{d}x} = \frac{\mathrm{d}y/\mathrm{d}t}{\mathrm{d}x/\mathrm{d}t}.$$

5.2.2　微分

1. 概念

函数 $f(x)$ 在点 x_0 的微分 $\mathrm{d}y = f'(x_0)\Delta x$.

2. 近似计算

（1）函数的近似计算

$$f(x_0 + \Delta x) \approx f(x_0) + f'(x_0)\Delta x.$$

（2）绝对误差和相对误差

$$|\Delta y| \approx |\mathrm{d}y|, \qquad \frac{\delta_y}{|y|} = \left|\frac{y'}{y}\right|\delta_x.$$

5.2.3　中值定理

1. 罗尔中值定理

若函数 $f(x)$ 在闭区间 $[a,b]$ 上连续，在开区间 (a,b) 内可导，且 $f(a)=f(b)$，则在 (a,b) 内至少存在一点 $\xi(a<\xi<b)$，使得 $f'(\xi)=0$.

2. 拉格朗日中值定理

若函数 $f(x)$ 在闭区间 $[a,b]$ 上连续，在开区间 (a,b) 内可导，则在 (a,b) 内至少存在一点 $\xi(a<\xi<b)$，使得 $f'(\xi)=\dfrac{f(b)-f(a)}{b-a}$.

3. 泰勒中值定理

如果函数 $f(x)$ 在含有 x_0 的某个开区间 (a,b) 内具有直到 $n+1$ 阶导数，则对任一 $x\in(a,b)$，有

$$f(x)=f(x_0)+f'(x_0)(x-x_0)+\frac{f''(x_0)}{2!}(x-x_0)^2+\cdots$$

$$+\frac{f^{(n)}(x_0)}{n!}(x-x_0)^n+R_n(x),$$

其中，余项 $R_n(x)=\dfrac{f^{(n+1)}(\xi)}{(n+1)!}(x-x_0)^{n+1}$，这里 ξ 是 x_0 与 x 之间的某个值.

5.2.4　极值

1. 概念

设函数 $f(x)$ 在点 x_0 的邻域 $(x_0-\delta, x_0+\delta)$ 内有定义，如果对于 $x\in(x_0-\delta, x_0+\delta)$（$x_0$ 点除外），有 $f(x)<f(x_0)$（或 $f(x)>f(x_0)$），那么称 $f(x_0)$ 是函数 $f(x)$ 的一个极大值（或极小值）.

2. 极值的判别方法

设函数 $f(x)$ 在 x_0 处具有二阶导数且 $f'(x_0)=0$，$f''(x_0)\neq0$，那么

（1）若 $f''(x_0)>0$，则 $f(x_0)$ 是函数 $f(x)$ 的极小值；

（2）若 $f''(x_0)<0$，则 $f(x_0)$ 是函数 $f(x)$ 的极大值.

5.3　实　验　内　容

5.3.1　符号导数

表 5-1 是 diff 函数表.

表 5-1　diff 函数

命　令	功　能
diff(f)	对默认自变量（由 findsym 函数确定）求一阶导数
diff(f,t)	对自变量 t 求一阶导数
diff(f,n)	对默认自变量求 n 阶导数
diff(f,t,n)	对自变量 t 求 n 阶导数

例 5-1　已知 $f=a^2\sin ax$，求：

(1) $f'(x)$，$f''(x)$，其中 a 为常数；

(2) $f'(a)$，其中 x 为常数.

解　MATLAB 命令窗口输入

```
>>syms a x
>>f=a^2 * sin(a * x);
>>I1=diff(f)
I1=
    a^3 * cos(a * x)
>>I2=diff(f,x,2)
I2=
    -a^4 * sin(a * x)
>>I3=diff(f,a)
I3=
    2 * sin(a * x) * a+a^2 * cos(a * x) * x
```

结果：$f'(x)=a^3\cos ax$，$f''(x)=-a^4\sin ax$，$f'(a)=2a\sin ax+a^2x\cos ax$.

例 5-2　求由方程 $e^y+xy-e=0$ 所确定的隐函数 y 的导数 $\dfrac{\mathrm{d}y}{\mathrm{d}x}$.

解　MATLAB 命令窗口输入

```
>>syms x y
>>F=exp(y)+x * y-exp(1);
>>Fx=diff(F,x);
>>Fy=diff(F,y);
>>yx=-Fx/Fy
yx=
    -y/(exp(y)+x)
```

结果：$\dfrac{\mathrm{d}y}{\mathrm{d}x}=-\dfrac{y}{x+e^y}$.

例 5-3　已知椭圆的参数方程为 $\begin{cases} x=a\cos t \\ y=b\sin t \end{cases}$，求 $\dfrac{\mathrm{d}^2y}{\mathrm{d}x^2}\bigg|_{t=\frac{\pi}{4}}$.

解　由参数方程求导公式

$$\frac{\mathrm{d}y}{\mathrm{d}x}=\frac{\mathrm{d}y/\mathrm{d}t}{\mathrm{d}x/\mathrm{d}t}, \qquad \frac{\mathrm{d}^2y}{\mathrm{d}x^2}=\frac{\mathrm{d}(\mathrm{d}y/\mathrm{d}x)/\mathrm{d}t}{\mathrm{d}x/\mathrm{d}t}.$$

MATLAB 命令窗口输入

```
>>syms a b t
>>x=a * cos(t);
>>y=b * sin(t);
>>yx=diff(y,t)/diff(x,t)
yx=
    -b * cos(t)/a/sin(t)
>>y2x=simplify(diff(yx,t)/diff(x,t))
y2x=
    b/a^2/sin(t)/(-1+cos(t)^2)
>>y2x0=subs(y2x,[t],[pi/4])
y2x0=
    -2 * b/a^2 * 2^(1/2)
```

结果: $\dfrac{\mathrm{d}^2 y}{\mathrm{d}x^2}\Big|_{x=\frac{\pi}{4}} = -\dfrac{2b}{\sqrt{2}a^2}$.

例 5-4 一学生在体育馆阳台上以投射角 $\theta = 30°$ 和速率 $v_0 = 20\text{m/s}$ 向操场投一垒球. 球离开手时距离操场水平面的高度 $h = 10\text{m}$. 试问球投出后何时着地? 在何处着地? 着地时速度的大小和方向各如何?

解 分析: 以投射点为原点建立直角坐标系如图 5-1 所示.

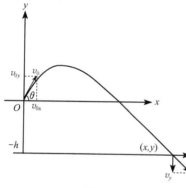

图 5-1

动点 (x, y) 满足运动方程

$$\begin{cases} x = v_0 \cos\theta \cdot t \\ y = v_0 \sin\theta \cdot t - \dfrac{1}{2} g t^2. \end{cases}$$

着地时间 t 满足方程

$$-h = v_0 \sin\theta \cdot t - \frac{1}{2} g t^2.$$

着地水平距离

$$x = v_0 \cos\theta \cdot t.$$

着地速度

$$v = \sqrt{(x')^2 + (y')^2}.$$

着地夹角

$$\alpha = \arctan \frac{v_y}{v_x}.$$

MATLAB 命令窗口输入

```
>>syms t
>>A=30 * pi/180;
```

```
>>v0=20;
>>g=9.8;
>>h=10;
>>x=v0 * cos(A) * t;
>>y=v0 * sin(A) * t-1/2 * g * t^2;
>>t1=solve('v0 * sin(A) * t-1/2 * g * t^2=-h',t)   %着地时间
t1=
    [1/2/g * (2 * v0 * sin(A)+2 * (v0^2 * sin(A)^2+2 * g * h)^(1/2))]
    [1/2/g * (2 * v0 * sin(A)-2 * (v0^2 * sin(A)^2+2 * g * h)^(1/2))]
>>td=eval(t1)
td=
    2.7760
   -0.7352
>>xd=subs(x,t,td(1))
xd=
    48.0815
>>vx=diff(x,t);
>>vy=diff(y,t);
>>v=subs(sqrt(vx^2+vy^2),t,td(1))
v=
    24.4131
>>a=subs(atan(vy/vx),t,td(1)) * 180/pi
a=
   -44.8077
```

结果：垒球着地时间 $t_d = 2.7760\text{s}$，着地水平距离 $x_d = 48.0815\text{m}$，着地速度 $v_d = 24.4131\text{m/s}$，着地速度与水平面夹角 $\alpha = -44.8°$.

例 5-5 某国的国民经济消费模型为 $y = 10 + 0.4x + 0.01\sqrt{x}$，其中 y 为总消费，x 为可支配收入（单位：十亿元）. 上年某一时期可支配收入为 100 个单位，下年同一时期可支配收入增加了 0.05 单位，问总消费约增加了多少单位? 增长幅度怎样?

解 取 $x_0 = 100, \Delta x = 0.05$，则总消费增加量

$$\Delta y \big|_{x=x_0} \approx \mathrm{d}y \big|_{x=x_0} = y'(x_0)\Delta x.$$

上涨比例

$$\left| \frac{\Delta y}{y} \right| \approx \left| \frac{\mathrm{d}y}{y} \right|.$$

MATLAB 命令窗口输入

```
>>syms x
>>y=10+0.4 * x+0.01 * sqrt(x);
>>yx=diff(y);
```

```
>>x=100;
>>dx=0.05;
>>dy=eval(yx*dx)
dy=
    0.0200
>>e=abs(eval(dy/y))
e=
    3.9970e-004
```

结果:总消费约增加了 0.02 单位,增长幅度为 0.3%.

5.3.2　中值定理几何意义

例 5-6　对函数 $f(x)=2x^2-x-3$ 在区间 $[-1,1.5]$ 上观察罗尔中值定理的几何意义.

解　步骤:

(1) 解方程 $f'(x)=0$,求根 x_0;

(2) 作函数 $f(x)$ 的图形和函数在点 x_0 处的切线 $y=x_0$ 的图形.

MATLAB 命令窗口输入

```
>>syms x
>>f=2*x^2-x-3;
>>x0=eval(solve(diff(f)))
x0=
    0.2500
>>y0=subs(f,x,x0)
y0=
    -3.1250
>>x=-1:0.01:1.5;
>>y=2.*x.^2-x-3;
>>plot(x,y,'r-',x,y0,'b-')
>>text(0,-3.2,'(0.2500,-3.1250)')
>>text(-0.7,-1,'y=2x^2-x-3')
>>text(-0.8,-3.2,'y=-3.1250')
>>legend('曲线','切线')
>>xlabel('x')
>>ylabel('y')
>>title('罗尔定理几何意义')
```

图形如图 5-2 所示.

几何意义:函数 $f(x)=2x^2-x-3$ 在区间 $[-1,1.5]$ 上连续,在 $(-1,1.5)$ 内可导,且 $f(-1)=f(1.5)=0$,则找到了 $x_0=0.25\in(-1,1.5)$,使曲线 $y=2x^2-x-3$ 在点 x_0 处

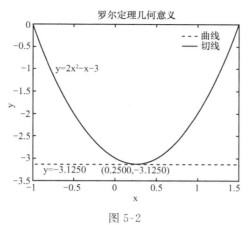

图 5-2

有水平切线 $y=-3.125$.

例 5-7 对函数 $f(x)=\dfrac{x}{2}+\sin x$ 在 $[0,2\pi]$ 上观察拉格朗日中值定理的几何意义.

解 步骤:

(1) 求点 x_c 处的切线斜率 $k=\dfrac{f(2\pi)-f(0)}{2\pi}$;

(2) 解方程 $f'(x)=k$,求根 x_c;

(3) 作函数 $f(x)$ 的图形和函数在点 x_c 处的切线 $y=f(x_c)+k(x-x_c)$ 的图形以及连接两端点的割线 $y=kx\left(\dfrac{y-f(0)}{x-0}=\dfrac{f(2\pi)-f(0)}{2\pi-0}\right)$ 的图形.

打开编辑器,建立函数文件 eg5_7.m

```
function y=eg5_7(x)
y=x/2+sin(x);
```

MATLAB 命令窗口输入

```
>>k=(eg5_7(2*pi)-eg5_7(0))/(2*pi-0)
k=
    0.5000
>>syms x
>>yx=diff(eg5_7(x))
yx=
    1/2+cos(x)
>>xc=eval(solve(yx-k))
xc=
    1.5708
>>yc=eg5_7(xc)
yc=
    1.7854
>>x=0:pi/300:2*pi;
>>y=x./2+sin(x);
```

```
>>yg=k. * x;
>>yq=yc+k. *(x-xc);
>>plot(x,y,x,yg,x,yq)
>>text(5,1.4,'曲线 y=x/2+sin(x)')
>>text(2.8,2,'割线 y=x/2')
>>text(3,3.3,'切线 y=x/2+1')
>>text(1.4,1.6,'(\pi/2,\pi/4+1)')
>>xlabel('x'),ylabel('y')
>>title('拉格朗日中值定理几何意义')
```

图形如图 5-3 所示.

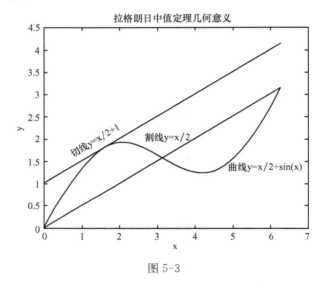

图 5-3

几何意义：函数 $y=\dfrac{x}{2}+\sin x$ 在 $[0,2\pi]$ 上连续，在 $(0,2\pi)$ 内可导，则至少存在一点 $x_c=\dfrac{\pi}{2}\in(0,2\pi)$，使该点的切线平行于连接两端点的割线.

5.3.3 泰勒公式与函数逼近

表 5-2 是 taylor 函数表.

表 5-2　taylor 函数

命　令	功　能
taylor(f)	求 f 关于默认变量的 5 阶近似麦克劳林多项式
taylor(f,v)	求 f 关于变量 v 的 5 阶近似麦克劳林多项式
taylor(f,n,x0)	求 f 关于默认变量在点 x_0 的 $n-1$ 阶近似泰勒多项式
taylor(f,v,n,x0)	求 f 关于变量 v 在点 x_0 的 $n-1$ 阶近似泰勒多项式

注：f 为符号表达式或函数文件创建的函数.

例 5-8　对函数 $f(x)=\mathrm{e}^{-x}$，

（1）求麦克劳林展开式的前 4,5,6 项；

（2）计算 $x=0.1$ 处的函数值和近似值，并比较误差；

（3）在区间 $[-6,5]$ 上绘制函数 $f(x)$ 的图形以及麦克劳林多项式的图形.

解　MATLAB 命令窗口输入

```
>>f=sym('exp(-x)');
>>f1=taylor(f,4)
f1=
    1-x+1/2*x^2-1/6*x^3
>>f2=taylor(f,5)
f2=
    1-x+1/2*x^2-1/6*x^3+1/24*x^4
>>f3=taylor(f)
f3=
    1-x+1/2*x^2-1/6*x^3+1/24*x^4-1/120*x^5
>>x=0.1;
>>ff=[f f1 f2 f3];
>>yy=eval(ff)
yy=
    0.9048    0.9048    0.9048    0.9048
>>e=abs(yy(1)-yy([2 3 4]))
e=
    1.0e-005*
    0.4085    0.0082    0.0001
>>ezplot(f1)
>>text(-4.8,40,'f1')
>>hold on
>>ezplot(f2)
>>text(-5,70,'f2')
>>hold on
>>ezplot(f3)
>>text(-5,98,'f3')
>>hold on
>>ezplot(f)
>>text(-4.9,162,'f')
>>hold off
```

图形如图 5-4 所示.

结果：（1）函数 $f(x)=e^{-x}$ 的三阶麦克劳林展开式是 $f_1(x)=1-x=\dfrac{1}{2}x^2-\dfrac{1}{6}x^3$，四

阶麦克劳林展开式是 $f_2(x)=1-x=\dfrac{1}{2}x^2-\dfrac{1}{6}x^3+\dfrac{1}{24}x^4$，五阶麦克劳林展开式是

$$f_3(x) = 1 - x = \frac{1}{2}x^2 - \frac{1}{6}x^3 + \frac{1}{24}x^4 - \frac{1}{120}x^5.$$

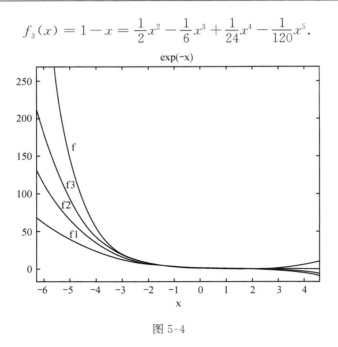

图 5-4

（2）通过观察麦克劳林多项式与函数 $f(x)$ 的图形可知，在展开点 $x=0$ 处，麦克劳林多项式的阶数越高，逼近函数的效果越好.

例 5-9 求 $y=\cos x$ 在 $x=0$ 的二阶泰勒展开式和 $x=10$ 的三阶泰勒展开式，并将 3 条曲线的图形绘制在同一图形窗口.

解 MATLAB 命令窗口输入

```
>>y=sym('cos(x)');
>>f1=taylor(y,3)
f1=
    1-1/2*x^2
>>f2=taylor(y,4,10)
f2=
    cos(10)-sin(10)*(x-10)-1/2*cos(10)*(x-10)^2+1/6*sin(10)*(x-10)^3
>>ezplot(f1,[-2*pi,4*pi])
>>text(-2.8,-1.2,'f1')
>>hold on
>>ezplot(f2,[-2*pi,4*pi])
>>text(8,1.2,'f2')
>>hold on
>>ezplot(y,[-2*pi,4*pi])
>>text(3,0,'cos(x)')
>>axis([-2*pi,4*pi,-2,2])
>>hold off
```

图形如图 5-5 所示.

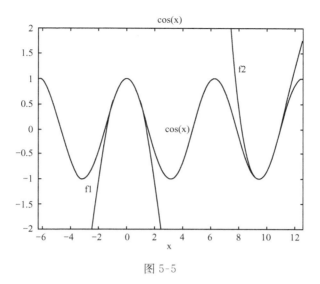

图 5-5

结果：(1) 函数 $y = \cos x$ 在点 $x = 0$ 的二阶泰勒展开式是 $f_1(x) = 1 - \dfrac{1}{2}x^2$，在点 $x = 10$ 的三阶泰勒展开式 $f_2(x) = \cos 10 - \sin 10 (x-10) + \dfrac{1}{2}\cos 10\ (x-10)^2 + \dfrac{1}{6}\sin 10\ (x-10)^3$.

(2) 观察图形可知，在不同点展开的泰勒多项式，只有在展开点的局部才具有较好的近似精度.

例 5-10 求函数 $y = \left(\dfrac{1}{1+x}\right)^u$ 在 $x = 0$ 和 $u = 0$ 处的泰勒展开式的前 3 项.

解 MATLAB 命令窗口输入

```
>>syms x u
>>f1=taylor((1/(1+x))^u,x,3,0)
f1=
    1-u*x+(u+1/2*u*(u-1))*x^2
>>f2=taylor((1/(1+x))^u,u,3,0)
f2=
    1+log(1/(1+x))*u+1/2*log(1/(1+x))^2*u^2
```

结果：(1) 函数在点 $x = 0$ 处的二阶泰勒展开式是

$$f_1(x) = 1 - ux + \left[u + \frac{1}{2}u(u-1)\right]x^2.$$

(2) 在点 $u = 0$ 处的二阶泰勒展开式是

$$f_2(u) = 1 + \ln\frac{1}{1+x}(u + u^2).$$

5.3.4 一元函数的极值

1. 求极小值的命令

表 5-3 是 fminbnd 函数表.

表 5-3 fminbnd 函数表

命　令	功　能
x＝fminbnd(f,a,b)	求函数 f 在 (a,b) 内的极小值点
[x,y]＝fminbnd(f,a,b)	输出 f 在 (a,b) 内的极小值点和极小值

注：f 为函数字符串，或函数文件创建的函数.

2. 求极值的方法

1）命令

（1）绘制函数 $y＝f(x)$ 的图形，观察取得极值点的大致范围；

（2）调用命令 fminbnd(f,a,b) 在 (a,b) 内搜索 f 的极小值；令 $g＝-f$，调用命令在 (a,b) 内 fminbnd(g,a,b) 搜索 f 的极大值.

2）利用求极值的充分条件求极值

（1）求驻点 $f'(x_0)＝0$；

（2）由 $f''(x_0)$ 的符号判断极值.

例 5-11　求函数 $y＝2x^3-9x^2+12x-3$ 的极值.

解　方法一　命令

MATLAB 命令窗口输入

```
>>y1='2*x^3-9*x^2+12*x-3';
>>ezplot(y1,[0,4])
```

图形如图 5-6 所示.

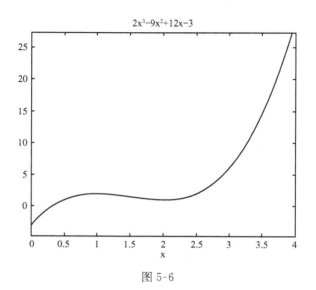

$2x^3-9x^2+12x-3$

图 5-6

```
>>[xmin,ymin]=fminbnd(y1,1.5,2.5)
xmin=
      2.0000
ymin=
      1.0000
>>y2='-2*x^3+9*x^2-12*x+3';
>>[xmax,y]=fminbnd(y2,0.5,1.5)
xmax=
      1.0000
y=
      -2.0000
>>ymax=-y
ymax=
      2.0000
```

方法二　充分条件

MATLAB 命令窗口输入

```
>>syms x
>>f=2*x^3-9*x^2+12*x-3;
>>fx=diff(f)
fx=
    6*x^2-18*x+12
>>x0=eval(solve(fx))
x0=
    1
    2
>>fx2=diff(fx)
fx2=
    12*x-18
>>fx20=subs(fx2,x,x0)
fx20=
      -6
       6
>>fmax=subs(f,x,x0(1))
fmax=
      2
>>fmin=subs(f,x,x0(2))
fmin=
      1
```

结果:函数 $y=2x^3-9x^2+12x-3$ 在点 $x=1$ 取得极大值 $f(1)=2$;在点 $x=2$ 取得极

小值 $f(2)=1$.

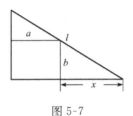

图 5-7

例 5-12 如图 5-7 所示,某墙高 $b=27$ 尺,距屋边 $a=8$ 尺,用一梯子由地面经过墙顶至屋边,问梯子最短为多少尺？ 如果有一梯子长度为 45 尺,安放在距屋边 $a=7.8$ 尺的地方,问墙高最高应为多少尺？

解 (1) $a=8,b=27$,梯长 $l=\sqrt{(x+a)^2+b^2\left(1+\dfrac{a}{x}\right)^2}$,求函数 l (x) 的极小值.

MATLAB 命令窗口输入

```
>>l='sqrt((x+8)^2+27^2*(1+8/x)^2)';
>>ezplot(l,[10,60])
```

图形如图 5-8 所示.

```
>>[xmin,lmin]=fminbnd(l,15,20)
xmin=
    18.0000
lmin=
    46.8722
```

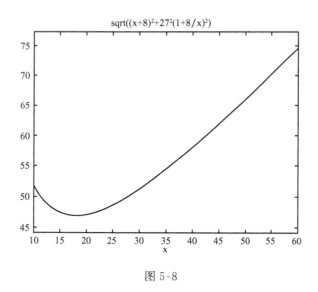

图 5-8

(2) 当梯长 $l=45$,$a=7.8$ 时,墙高 $b=\dfrac{x}{a+x}\sqrt{l^2-(a+x)^2}$,求函数 $b(x)$ 的极大值.

MATLAB 命令窗口输入

```
>>b='x/(x+7.8)*sqrt(45^2-(7.8+x)^2)';
>>ezplot(b,[0,25])
```

图形如图 5-9 所示.

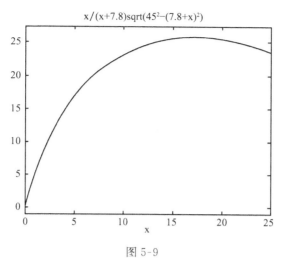

图 5-9

```
>>b1=strcat('-',b);
>>[xmin,b0]=fminbnd(b1,15,20)
xmin=
      17.2903
b0=
      -25.7429
>>bmin=-b0
bmin=
      25.7429
```

结果:当墙高 27 尺,距屋边 8 尺时,梯长最短为 46.8722 尺;当梯长 45 尺,距屋边 7.8 尺时,墙最高 25.7429 尺.

5.4 实 验 任 务

1. 求下列导数:

(1) $y=\ln(\mathrm{e}^x+\sqrt{1+\mathrm{e}^{2x}})$;

(2) $y=\mathrm{e}^{-\sin\frac{1}{x}}$;

(3) $y=\arcsin\dfrac{2t}{1+t^2}$;

(4) $y=\sqrt[x]{x}$.

2. 求下列隐函数的导数 $\dfrac{\mathrm{d}y}{\mathrm{d}x}$:

(1) $xy=\mathrm{e}^{x+y}$;

(2) $\arctan\dfrac{y}{x}=\ln\sqrt{x^2+y^2}$;

(3) $x^y=y^x$;

(4) $\cos(x^2+y)=x$.

3. 求曲线 $\begin{cases} x=2\mathrm{e}^t \\ y=\mathrm{e}^{-t} \end{cases}$ 在 $t=0$ 处的切线方程和法线方程.

4. 对下列函数在指定点展开为指定阶数的泰勒多项式:

(1) $y=\sqrt{x}, x_0=4$, 三阶;

(2) $y=\dfrac{u}{u-1}, u_0=2$, 四阶;

(3) $y=t^2 \ln t, t_0=1$ 五阶;　　　　　(4) $y=\ln(1-v), v_0=\dfrac{1}{2}$,六阶.

5. 对函数 $f_1(x)=\sin x, f_2(u)=ue^u, f_3(x)=e^{2x-x^2}, f_4(v)=\arccos v$,

(1) 分别展开为 1,3,5 阶麦克劳林多项式;

(2) 分别在同一窗口绘制函数图形和 1,3,5 阶麦克劳林多项式图形;

(3) 计算 $f_i(0.5)(i=1,2,3,4)$ 的近似值,并比较误差.

6. 求下列函数的极值:

(1) $y=\dfrac{2x}{1+x^2}$;　　　　　　(2) $y=\dfrac{3x^2+4x+4}{x^2+x+1}$;

(3) $y=\dfrac{x^3}{3}-2x^2+3x+1$;　　　　(4) $y=\dfrac{\ln^2 x}{x}$.

7. 对下列函数,观察罗尔中值定理的几何意义:

(1) $y=\ln\sin x, x\in\left[\dfrac{\pi}{6},\dfrac{5\pi}{6}\right]$;　　(2) $y=e^{x^2}-1, x\in[-1,1]$.

8. 对下列函数,观察拉格朗日中值定理的几何意义:

(1) $y=x^3-5x^2+x-2, x\in[-1,0]$;

(2) $y=\arctan(x), x\in[0,1]$.

9. 在地面上建有一座圆柱形水塔,水塔内部的直径 d,并且在地面处开了一个高为 h 的小门. 现在要对水塔进行维修施工,施工方案要求把一根长度为 $L(L>d)$ 的水管运到水塔内部,请问水塔的门高 h 多高时,才有可能成功地把水管搬进水塔内? 设 $L=8\text{m}, d=4\text{m}$,水塔门高 $h=1.6\text{m}$,水管能搬进水塔吗?

10. 已知单摆的振动周期 $T=2\pi\sqrt{\dfrac{l}{g}}$,其中 $g=980\text{cm/s}^2, l$ 为摆长(cm). 设原摆长为 20cm,为使周期增大 0.05s,摆长约需加长多少? 要求:

(1) 创建周期函数的符号表达式;

(2) 对符号表达式求导;

(3) 将摆长增量的符号表达式转换成数值.

11. 在研究飞机的自动着陆系统时,技术人员需要分析飞机的降落曲线. 根据经验,一架水平飞行的飞机,其降落曲线是一条三次抛物线. 已知飞机的飞行高度为 h,飞机的着陆点为 O,且整个飞行过程中,飞机的水平飞行速度始终保持为常数 u,出于安全考虑,飞机垂直加速度的最大绝对值不得超过 $g/10$,此处为重力加速度.

(1) 若飞机从 $x=x_0$ 处开始下降,试确定出飞机的降落曲线;

(2) 求开始下降点 x_0 所能允许的最小值;

(3) 当 $u=540\text{km/h}, h=1000\text{m}$ 时,作飞机下降的轨迹图.

12. 为迎接香港回归,柯受良于 1997 年 6 月 1 日驾车飞越黄河壶口. 东岸跑道长 265m,柯驾车从跑道东端启动到达跑道终端时速度为 150km/h,他随即以仰角 5° 冲出,飞越跨度为 57m,安全落到西岸木桥上(图 5-10). 问:

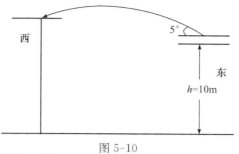

图 5-10

（1）柯跨越黄河用了多长时间？

（2）若起飞点高出河面 10m，柯驾车飞行的最高点离河面多少米？

（3）西岸木桥桥面与起飞点的高度差是多少米？

要求：①创建符号运方程；②解水平方向符号方程；③先求铅垂方向符号极值，然后再转换成数值极值．

实验 6 一元函数积分学

6.1 实 验 目 的

(1) 学习用软件求一元函数积分的方法.
(2) 从几何图形上直观理解定积分的定义.
(3) 学习用软件解决定积分应用问题.

6.2 预 备 知 识

6.2.1 原函数与不定积分

1. 原函数存在定理

如果函数 $f(x)$ 在区间 $[a,b]$ 上连续,则在区间 $[a,b]$ 上存在原函数 $F(x)$,使 $\forall x \in [a, b]$ 都有 $F'(x) = f(x)$.

2. 不定积分定义

函数 $f(x)$ 的所有原函数的全体称为不定积分,记作 $\int f(x)\mathrm{d}x$.

6.2.2 定积分

1. 定积分的定义

设函数 $f(x)$ 在 $[a,b]$ 上有界,作 $[a,b]$ 上的任意分割

$$a = x_0 < x_1 < \cdots < x_n = b.$$

求出和数 $S = \sum_{i=1}^{n} f(\xi_i)\Delta x_i$,其中 ξ_i 是 $[x_{i-1}, x_i]$ 上任意点,$\Delta x_i = x_i - x_{i-1}(i=1,2,\cdots,n)$. 令 $\lambda = \max_i \Delta x_i \to 0$,若和数 S 的极限存在,则该极限值为函数 $f(x)$ 在区间 $[a,b]$ 上的定积分,记作 $\int_a^b f(x)\mathrm{d}x = \lim_{\lambda \to 0} \sum_{i=1}^{n} f(\xi_i)\Delta x_i$.

2. 定积分几何意义

曲边梯形的面积.

3. 牛顿-莱布尼茨公式

如果函数 $F(x)$ 是连续函数 $f(x)$ 在区间 $[a,b]$ 上的一个原函数,则

$$\int_a^b f(x)\mathrm{d}x = F(b) - F(a).$$

6.2.3　变上限函数的导数

如果函数 $f(x)$ 在区间 $[a,b]$ 上连续,则积分上限的函数 $\Phi(x)=\int_a^x f(t)\mathrm{d}t$ 在 $[a,b]$ 上具有导数 $\Phi'(x)=f(x)$.

6.2.4　定积分应用

1. 平面图形的面积

1) 直角坐标

(1) 曲线 $y=f(x)$,$y=g(x)$ 与直线 $x=a$,$x=b(a<b)$ 所围成的面积

$$S=\int_a^b [f(x)-g(x)]\mathrm{d}x.$$

(2) 曲线 $x=\varphi(y)$,$x=\psi(y)$ 及直线 $y=c$,$y=d(c<d)$ 所围成的面积

$$S=\int_c^d [\varphi(y)-\psi(y)]\mathrm{d}y.$$

2) 极坐标

由极坐标方程 $r=r(\theta)$ 表示的曲线及矢径 $\theta=\alpha$,$\theta=\beta(\alpha<\beta)$ 所围成的面积

$$S=\frac{1}{2}\int_\alpha^\beta r^2(\theta)\mathrm{d}\theta.$$

2. 体积

1) 平行截面面积已知的立体体积

取一坐标轴为 x,用垂直于该轴的平面截物体所得的截面为 $S(x)$,当 $a\leqslant x\leqslant b$ 时,此立体体积为 $V=\int_a^b S(x)\mathrm{d}x$.

2) 旋转体体积

(1) 面积 $a\leqslant x\leqslant b$,$0<y=f(x)$ 及 $y=0$ 绕 x 轴旋转而成的体积 $V=\pi\int_a^b f^2(x)\mathrm{d}x$.

(2) 面积 $c\leqslant y\leqslant d$,$0<x=\varphi(y)$ 及 $x=0$ 绕 y 轴旋转而成的体积 $V=\pi\int_c^d \varphi^2(y)\mathrm{d}y$.

3. 曲线的弧长

1) 直角坐标

设曲线 C 的方程为 $y=f(x)$,则与闭区间 $[a,b]$ 对应的曲线弧长 $s=\int_a^b \sqrt{1+y'^2}\mathrm{d}x$.

2) 参数方程

设曲线 C 的参数方程为 $\begin{cases} x=\varphi(t) \\ y=\psi(t) \end{cases}(\alpha\leqslant t\leqslant\beta)$,则与闭区间 $[\alpha,\beta]$ 对应的曲线弧长

$$s=\int_\alpha^\beta \sqrt{[\varphi'(t)]^2+[\psi'(t)]^2}\mathrm{d}t.$$

3) 极坐标

设曲线 C 的极坐标方程为 $r=r(\theta)(\alpha\leqslant\theta\leqslant\beta)$,则与 $[\alpha,\beta]$ 对应的曲线弧长

$$s = \int_a^\beta \sqrt{r^2(\theta) + r'^2(\theta)}\, d\theta.$$

4. 实际问题的应用——微元法

基本思想：首先选取坐标，在所考虑的区间上取自变量的一个微小区间 $[x, x+\Delta x]$，分析这一段上的数量关系，运用"以直代曲"、"以匀代变"的思想，写出这个小区间上的函数 $F(x)$ 的改变量 ΔF 的近似值

$$\Delta F \approx f(x)\Delta x.$$

微分式

$$dF = f(x)dx.$$

然后确定积分限，对微分式积分，其积分值就是所求解．

6.3　实　验　内　容

6.3.1　符号积分

表 6-1 是 int 函数表．

表 6-1　int 函数

命　令	功　能	备　注
int(f)	求 f 关于默认变量的不定积分	f 为符号表达式或字符串表达式(下同)
int(f,t)	求 f 关于变量 t 的不定积分	
int(f,a,b)	求 f 关于默认变量由 a 到 b 的定积分	a、b 为数值常量
int(f,t,a,b)	求 f 关于变量 t 由 a 到 b 的定积分	a、b 为数值常量
int(f,'m','n')	求 f 关于默认变量由 m 到 n 的定积分	m、n 为符号常量

例 6-1　设函数 $f = \cos(3x+t)$，分别对变量 x, t 进行积分．

解　MATLAB 命令窗口输入

```
>>syms x t
>>f=cos(3*x+t);
>>I1=int(f)
I1=
    1/3*sin(3*x+t)
>>I2=int(f,t)
I2=
    sin(3*x+t)
>>I3=int(f,0,pi/2)
I3=
    -1/3*cos(t)-1/3*sin(t)
```

```
>>I4=int(f,t,0,pi/2)
I4=
    4 * cos(x)^3-3 * cos(x)-sin(3 * x)
>>I5=int(f,'m','n')
I5=
    1/3 * sin(3 * n+t)-1/3 * sin(3 * m+t)
```

结果：$\int \cos(3x+t)\mathrm{d}x = \dfrac{1}{3}\sin(3x+t)+C, \int \cos(3x+t)\mathrm{d}t = \sin(3x+t)+C, \int_0^{\frac{\pi}{2}}\cos(3x+t)\mathrm{d}x =$

$-\dfrac{1}{3}(\cos t + \sin t), \int_m^n \cos(3x+t)\mathrm{d}x = \dfrac{1}{3}\big[\sin(3n+1) - \sin(3m+1)\big].$

例 6-2　计算广义积分 $\displaystyle\int_{-\infty}^{+\infty} \dfrac{\mathrm{d}x}{1+x^2}$.

解　MATLAB 命令窗口输入

```
>>f='1/(1+x^2)';
>>I=int(f,-inf,inf)
I=
    pi
```

结果：$\displaystyle\int_{-\infty}^{+\infty} \dfrac{\mathrm{d}x}{1+x^2} = \pi.$

例 6-3　计算 Γ 积分 $\Gamma\left(\dfrac{1}{2}\right) = \displaystyle\int_0^{+\infty} \mathrm{e}^{-x} x^{-\frac{1}{2}} \mathrm{d}x$.

解　MATLAB 命令窗口输入

```
>>f='exp(-x) * x^(-1/2)';
>>gamma=int(f,0,inf)
gamma=
        pi^(1/2)
```

结果：$\Gamma\left(\dfrac{1}{2}\right) = \displaystyle\int_0^{+\infty} \mathrm{e}^{-x} x^{-\frac{1}{2}} \mathrm{d}x = \sqrt{\pi}.$

例 6-4　求变上、下限积分的导数 $\dfrac{\mathrm{d}}{\mathrm{d}x}\displaystyle\int_{\sin x}^{\cos x} \cos(\pi t^2)\mathrm{d}t$.

解　MATLAB 命令窗口输入

```
>>syms x t
>>f=cos(pi * t^2);
>>F=diff(int(f,sin(x),cos(x)))
F=
    -cos(pi * cos(x)^2) * sin(x)-cos(pi * sin(x)^2) * cos(x)
```

结果：$\dfrac{\mathrm{d}}{\mathrm{d}x}\displaystyle\int_{\sin x}^{\cos x} \cos(\pi t^2)\mathrm{d}t = -\cos(\pi\cos^2 x)\sin x - \cos(\pi^2 \sin x)\cos x.$

例 6-5　求变上限积分的极限 $\displaystyle\lim_{x\to 0} \dfrac{\displaystyle\int_0^x \cos t^2 \mathrm{d}t}{x}$.

解　MATLAB 命令窗口输入

```
>>syms x t
>>f=cos(t^2);
>>I=limit(int(f,0,x)/x)
I=
    1
```

结果：$\lim\limits_{x \to 0} \dfrac{\displaystyle\int_0^x \cos t^2 \, \mathrm{d}t}{x} = 1.$

例 6-6　当 x 取何值时，函数 $f(x) = \displaystyle\int_0^x t\mathrm{e}^{-t^2} \, \mathrm{d}t$ 有极值？

解　MATLAB 命令窗口输入

```
>>syms x t
>>y=t * exp(-t^2);
>>f=int(y,0,x)
f=
    -1/2 * exp(-x^2)+1/2
>>ezplot(f)
```

图形如图 6-1 所示，观察取得极值的区间

```
>>[xmin,ymin]=fminbnd('-1/2 * exp(-x^2)+1/2',-0.1,0.1)
xmin=
     -1.0408e-017
ymin=
      0
```

结果：当 $x=0$ 时，函数 $f(x) = \displaystyle\int_0^x t\mathrm{e}^{-t^2} \, \mathrm{d}t$ 有极小值 $f(0) = 0.$

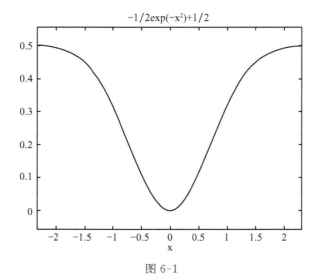

图 6-1

6.3.2　交互式近似积分

表 6-2 是 rsums 函数表.

表 6-2　rsums 函数

命　令	功　能	说　明
rsums('f')	计算 f 在区间[0,1]上的近似积分	该命令展示定积分定义的几何意义

注:rsums 命令将[0,1]区间分割成 10 个等分子区间,界面上方为被积函数与小矩形面积的累加和,向右拉动界面下方的滑动键,分割越细,小矩形越多,累加和越接近于积分准确值.

计算 $S = \int_a^b f(t)\mathrm{d}t$ 的近似值需作变换

$$t = a + (b-a)n.$$

于是

$$S = (b-a)\int_0^1 f(a+(b-a)x)\mathrm{d}x.$$

例 6-7　利用 rsums 命令求积分 $S = \int_{-1}^1 \mathrm{e}^{-t^2}\mathrm{d}t$ 的近似值,并观察定积分定义的几何意义.

解　MATLAB 命令窗口输入

```
>>syms x t u
>>f=exp(-t^2);
>>s=eval(int(f,-1,1))
s=
    1.4936
>>a=-1;b=1;
>>u=a+(b-a)*x;
>>rsums(subs(f,u)*(b-a))
```

结果:观察图形得知图 6-2(a)有 10 个子区间,$S \approx 1.496107$;图 6-2(b)有 20 个子区间,$S \approx 1.494262$;图 6-2(c)有 80 个子区间,$S \approx 1.493687$;图 6-2(d)有 128 个子区间,$S \approx 1.493663$. 当分割越来越细时,与准确值的误差越小.

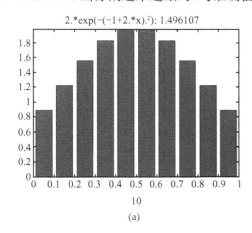

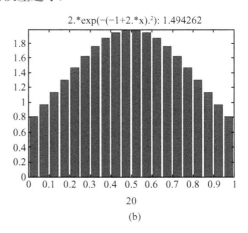

(a)　　　　　　　　　　　　　　　　　(b)

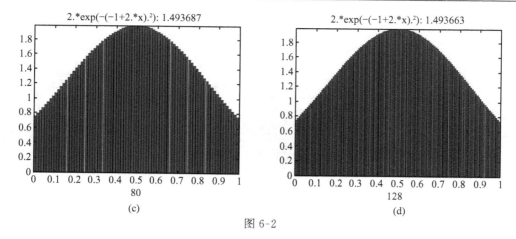

图 6-2

6.3.3 综合应用

例 6-8   求抛物线 $x^2 = 8y$ 与箕舌线 $y = \dfrac{64}{x^2 + 16}$ 所围图形的面积.

解   分析：先求两曲线的交点 $\begin{cases} x^2 = 8y \\ y = \dfrac{64}{x^2 + 16} \end{cases}$；然后作图观察，确定积分上下限；最后积分求面积(图 6-3).

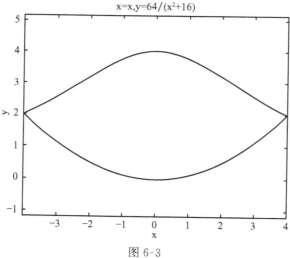

图 6-3

MATLAB 命令窗口输入

```
>>syms x y
>>[xc,yc]=solve('y=x^2/8','y=64/(x^2+16)')
xc=
    [          -4]
    [           4]
    [  4*i*2^(1/2)]
    [-4*i*2^(1/2)]
```

```
yc=
    [  2]
    [  2]
    [ -4]
    [ -4]
>>y1=x^2/8;
>>y2=64/(x^2+16);
>>ezplot(x,y1,[-4,4])
>>hold on
>>ezplot(x,y2,[-4,4])
>>hold off

>>s=eval(int(abs(y1-y2),x,-4,4))
s=
    19.7994
```

结果:抛物线 $x^2=8y$ 与箕舌线 $y=\dfrac{64}{x^2+16}$ 的交点是 $(-4,2),(4,2)$,所围图形的面积是 19.7994.

例 6-9　计算心形线 $r=a(1-\cos\theta)(a>0)$ 所围图形的面积.

解　面积 $S=\dfrac{1}{2}\displaystyle\int_0^{2\pi}r^2\mathrm{d}\theta$.

MATLAB 命令窗口输入

```
>>a=1;   %取 a=1 作图
>>t=0:pi/20:2*pi;
>>r=a*(1-cos(t));
>>polar(t,r)
```

图形如图 6-4 所示.

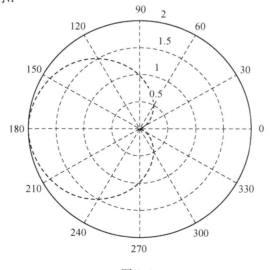

图 6-4

```
>>syms a t
>>r=a*(1-cos(t));
>>s=int(r^2,t,0,2*pi)/2
s=
    3/2*pi*a^2
```

结果:心形线所围成的面积是$\frac{3}{2}\pi a^2$.

例 6-10　计算由摆线 $x=a(t-\sin t)$,$y=a(1-\cos t)$ 的一拱,直线 $y=0$ 所围成的图形分别绕 x 轴、y 轴旋转而成的旋转体的体积(图 6-5).

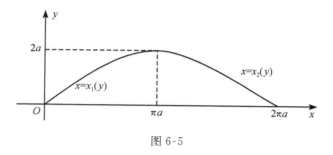

图 6-5

解　分析:观察几何图形的特征,采用公式

$$V_x=\pi\int_0^{2\pi a}y^2(x)\mathrm{d}x=\pi\int_0^{2\pi}y^2(t)x'(t)\mathrm{d}t,$$

$$V_y=\pi\int_0^{2a}x_2^2(y)\mathrm{d}y-\pi\int_0^{2a}x_1^2(y)\mathrm{d}y$$

$$=\pi\int_{2\pi}^{\pi}x_2^2(t)y'(t)\mathrm{d}t-\pi\int_0^{\pi}x_1^2(t)y'(t)\mathrm{d}t.$$

MATLAB 命令窗口输入

```
>>syms a t
>>x=a*(t-sin(t));
>>y=a*(1-cos(t));
>>vx=int(pi*y^2*diff(x,t),t,0,2*pi)
vx=
    5*pi^2*a^3
>>vy=(int(x^2*diff(y),2*pi,pi)-int(x^2*diff(y),0,pi))*pi
vy=
    6*pi^3*a^3
```

结果:摆线的一拱绕 x 轴旋转而成的旋转体体积是 $V_x=5\pi^2 a^3$,绕 y 轴旋转而成的旋转体体积是 $6\pi^3 a^3$.

例 6-11　一物体的运动规律为 $x=\mathrm{e}^t\cos\pi t$,$y=\mathrm{e}^t\sin\pi t$,求它从 $t=0$ 到 $t=1$ 所移动的距离(图 6-6).

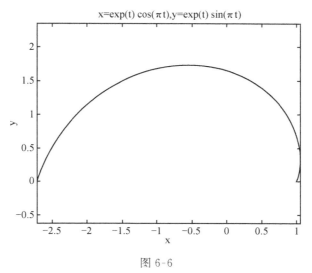

图 6-6

解 物体移动的距离是一个弧长问题，弧长

$$L = \int_0^1 \sqrt{x'^2 + y'^2} \mathrm{d}t.$$

MATLAB 命令窗口输入

```
>>syms t
>>x=exp(t)*cos(pi*t);
>>y=exp(t)*sin(pi*t);
>>ezplot(x,y,[0,1])
>>L=int(sqrt(diff(x,t)^2+diff(y,t)^2),t,0,1)
L=
    (exp(2)*pi^2+exp(2))^(1/2)-(1+pi^2)^(1/2)
>>L=simple(L)
L=
    (1+pi^2)^(1/2)*(exp(2)^(1/2)-1)
```

图形如图 6-6 所示.

结果：该物体从 0 时刻到 1 时刻移动的距离是 $\sqrt{1+\pi^2}(\mathrm{e}-1)$.

例 6-12 某机器使用时间 t 周后的转售价格函数为 $R(t) = \dfrac{3A}{4}\mathrm{e}^{-\frac{t}{96}}$（元），其中 A 是机器的最初价格. 在任何时间 t，机器开动就能产生 $L = \dfrac{A}{4}\mathrm{e}^{-\frac{t}{48}}$ 的利润. 问机器使用了多长时间后转售出去能使总利润最大？这利润是多少？机器卖了多少钱？

解 分析：机器开动 t 周创造的利润是 $L = \dfrac{A}{4}\mathrm{e}^{-\frac{t}{48}}$，那么在 $[t, t+\Delta t]$ 时间段开动机器创造的利润是 $L = \dfrac{A}{4}\mathrm{e}^{-\frac{t}{48}}\Delta t$，假设机器使用了 x 周后出售，则总收入是

$$f(x) = \frac{3A}{4}\mathrm{e}^{-\frac{x}{96}} + \int_0^x \frac{A}{4}\mathrm{e}^{-\frac{t}{48}}\mathrm{d}t.$$

于是问题转化为求 $f(x)$ 的极大值. 可令 $f'(x)=0$ 解出驻点 x_0, 由 $f''(x_0)$ 的符号判断极值, 最大利润 $L_{max}=f(x_0)-A$. 此时转卖机器的收入是 $R(x_0)$.

MATLAB 命令窗口输入

```
>>syms x t A
>>R=3*A/4*exp(-t/96);
>>L=A/4*exp(-t/48);
>>f=subs(R,t,x)+int(L,0,x);
>>x0=solve(diff(f,x))
x0=
    96*log(32)
>>fx02=subs(diff(f,x,2),x,x0)
fx02=
    -1/393216*A
>>fx0=subs(f,x,x0)%极大值
fx0=
    3075/256*A
>>Lmax=fx0-A
Lmax=
    2819/256*A
>>Rx0=subs(R,t,x0)
Rx0=
    3/128*A
```

结果: 机器在使用 $96\ln 32 \approx 333$ 周后出售总利润最大, 最大利润是 $\frac{2819}{256}A \approx 11.0117A$ 元, 此时机器可卖 $0.0234A$ 元.

例 6-13 设居住在离城中心 r km 距离的人口密度可用 $\rho(r)=2000(ar-r^2)$ 来表示, 其中 a 是常数, $\rho(r)$ 的单位是每平方公里的人数. 求:

(1) 城市总人口;

(2) 离市中心 x 公里以内的人数占城市人口的百分比;

(3) 以多大的半径可将城市人口分为相等的两部分.

解 分析: 假设城市分布以市中心向外辐射, 半径为 r, 则城市面积函数为

$$A = \pi r^2.$$

城市边缘是指无人居住处 $\rho(r)=0$ 既 $r=a(r=0$ 舍去). 如图 6-7 所示.

将半径 r 任意分割成 n 个子区间, 在 $[r, r+$

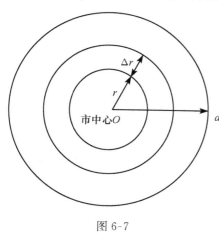

图 6-7

$\Delta r]$ 上的人口近似为

$$\Delta N = \rho(r)\Delta A,$$

即

$$dN = \rho(r)A'dr.$$

（1）城市总人口

$$N = \int_0^a \rho(r)A'dr.$$

（2）距离市中心 $x$km 内的人口是

$$Nx = \int_0^x \rho(r)A'(r)dr,$$

占总人口的比例是

$$L = \frac{N_x}{N}.$$

（3）要求人口各占一半的半径区域应满足方程 $L - \dfrac{1}{2} = 0$.

MATLAB 命令窗口输入

```
>>syms a r x
>>A=pi * r^2;
>>p=2000 * (a * r-r^2);
>>f=p * diff(A);
>>N=int(f,r,0,a)
N=
    1000/3 * pi * a^4
>>Nx=int(f,r,0,x)
Nx=
    -1000 * pi * x^4+4000/3 * a * pi * x^3
>>Nb=collect(Nx/N)
Nb=
    -3/a^4 * x^4+4/a^3 * x^3
>>rb=eval(solve(Nb-1/2)/a)
rb=
    1.2475
    0.6143
    -0.2642+0.3843i
    -0.2642-0.3843i
>>Nbr=eval(subs(Nb,x,rb(2) * a))%验证 0.6143a 是方程的根.
Nbr=
    0.5000
```

结果：总人口是 $\dfrac{1000}{3}\pi a^4$，距离市中心 $x$km 内的人口是 $4000\pi\left(\dfrac{a}{3}x^3-\dfrac{1}{4}x^4\right)$，要求人口各占一半的半径是 $0.6143a$km.

6.4　实　验　任　务

1. 计算下列不定积分：

(1) $\displaystyle\int \frac{x\mathrm{d}x}{\sqrt{1+x-x^2}}$;　　　　　　　(2) $\displaystyle\int \ln(1+x^2)\mathrm{d}x$;

(3) $\displaystyle\int \frac{\sin x\cos x}{1+\sin^4 x}\mathrm{d}x$;　　　　　　(4) $\displaystyle\int \mathrm{e}^{ax}\cos bx\,\mathrm{d}x$.

2. 计算下列定积分：

(1) $\displaystyle\int_1^{\mathrm{e}}\sin(\ln x)\mathrm{d}x$;　　　　　　　(2) $\displaystyle\int_0^{\ln 2}\sqrt{\mathrm{e}^x-1}\mathrm{d}x$;

(3) $\displaystyle\int_1^{\mathrm{e}}\frac{\mathrm{d}x}{x\sqrt{1-(\ln x)^2}}$;　　　　(4) $\displaystyle\int_0^{\infty}x^2\mathrm{e}^{-2x^2}\mathrm{d}x$.

3. 求下列极限：

(1) $\displaystyle\lim_{x\to\infty}\frac{\displaystyle\int_0^x\arctan t\mathrm{d}t}{x^2}$;　　　　　(2) $\displaystyle\lim_{x\to 0}\frac{\displaystyle\int_0^x\sin^2 t\mathrm{d}t}{x-\dfrac{\pi}{2}}$;

(3) $\displaystyle\lim_{x\to 0}\frac{\displaystyle\int_0^{x^2}\sqrt{1+t^2}\mathrm{d}t}{x^2}$;　　　　(4) $\displaystyle\lim_{x\to 0}\frac{\left(\displaystyle\int_0^x\mathrm{e}^{t^2}\mathrm{d}t\right)^2}{\displaystyle\int_0^x t\mathrm{e}^{2t^2}\mathrm{d}t}$.

4. 求下列函数的导数：

(1) $\dfrac{\mathrm{d}}{\mathrm{d}x}\displaystyle\int_0^{x^2}\sqrt{1+t^2}\mathrm{d}t$;　　　　(2) $\dfrac{\mathrm{d}}{\mathrm{d}x}\displaystyle\int_{\cos x}^{\arcsin x}\mathrm{e}^{-t^2}\mathrm{d}t$.

5. 求下列函数的极值：

(1) $I(x)=\displaystyle\int_0^x\frac{3t+1}{t^2-t+1}\mathrm{d}t$;　　(2) $I(x)=\displaystyle\int_0^x(t-1)(t-2)^2\mathrm{d}t$.

6. 求下列各平面区域的面积：

(1) $x=y^2$，$x=-y^2+2$;　　　　(2) $y=\sin^2 x\cos x$，$y=\sin x\cos x$，$0\leqslant x\leqslant\dfrac{\pi}{2}$;

(3) $r=2a(2+\cos\theta)$;　　　　　(4) $r^2=a^2\sin 2\theta$.

7. 求下列区域分别绕 x 轴和 y 轴旋转所形成的立体体积：

(1) $y=\dfrac{3}{x}$，$y=4-x$;　　　　(2) $y=x^2\sqrt{1-x^4}(x\geqslant 0,y\geqslant 0)$.

8. 求下列各曲线的弧长：

(1) $8x=2y^4+y^{-2}$，$1\leqslant y\leqslant 2$;

(2) $x=a(\cos t+t\sin t)$，$y=a(\sin t-t\cos t)$，$0\leqslant t\leqslant 2\pi$;

(3) $r=\dfrac{a}{1+\cos\theta}$，$|\theta|\leqslant\dfrac{\pi}{2}$;

(4) $r = e^{a\theta}, 0 \leqslant \theta \leqslant 2\pi$.

9. 在鱼塘中捕鱼时,鱼越少捕鱼越困难,捕捞成本也越高,一般可以假设每千克鱼的捕捞成本与当时池塘中鱼的数量成反比. 假设当鱼塘中有 $x$kg 鱼时,每千克的捕捞成本是 $\dfrac{2000}{10+x}$ 元,已知鱼塘中现有鱼 10000kg,问从鱼塘中捕捞 6000kg 鱼需花费多少成本? 多少平均成本?

10. 某城市 1990 年的人口密度近似为 $\rho(r) = \dfrac{4}{r^2 + 20}$, $\rho(r)$ 表示距市中心 $r$km 区域的人口数,单位是每平方千米 10 万人.

(1) 试求距市中心 2km 区域内的人口数;

(2) 若人口密度近似为 $\rho(r) = 1.2e^{-0.2r}$(单位不变),试求距市中心 2km 区域内的人口数.

11. 一物体按规律 $x = ct^3$ 做直线运动,媒质的阻力与速度的平方成正比. 计算物体由 $x = 0$ 移至 $x = a$ 时,克服媒质阻力所做的功.

12. 一直径为 2m 的圆桶横浸在海水中(0℃时海水的密度约为 1030kg/m^3),桶底中心距水面 4m,试计算整个桶底所受水的压力(图 6-8).

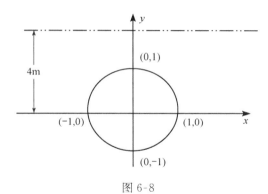

图 6-8

实验 7　空间曲线与曲面的绘制

7.1　实　验　目　的

(1) 学习用软件绘制空间曲线与曲面的方法.

(2) 学习曲面投影到坐标平面的方法.

(3) 学习等高线的绘制方法.

7.2　预　备　知　识

7.2.1　空间曲线的参数方程

$$\begin{cases} x = x(t) \\ y = y(t), \quad a \leqslant t \leqslant b. \\ z = z(t) \end{cases}$$

7.2.2　空间曲面

1. 一般方程

$$z = f(x,y), \quad a \leqslant x \leqslant b, c \leqslant y \leqslant d.$$

2. 参数方程

$$\begin{cases} x = x(s,t) \\ y = y(s,t), \quad a \leqslant x \leqslant b, c \leqslant y \leqslant d. \\ z = z(s,t) \end{cases}$$

7.2.3　空间曲面在坐标面上的投影

设空间曲面的一般方程为 $F(x,y,z)=0$，则曲面在 xOy 平面的投影方程是 $\begin{cases} F(x,y,z)=0 \\ z=0 \end{cases}$，曲面在 yOz 平面的投影方程是 $\begin{cases} F(x,y,z)=0 \\ x=0 \end{cases}$，曲面在 zOx 平面的投影方程是 $\begin{cases} F(x,y,z)=0 \\ x=0 \end{cases}$.

7.2.4　等高线

曲面 $z=f(x,y)$ 与平面 $z=c$ 的交线称为等高线. 等高线图的特点是：高度相同的点在同一等高线上；等高线亮度越高，对应的曲面相应之处越高.

7.3　实　验　内　容

7.3.1　空间曲线的绘制

1. 数值作图

表 7-1 是 plot3 函数表.

表 7-1　plot3 函数

命　令	功　能	备　注
plot3(X,Y,Z,'s')	绘制以 X,Y,Z 的对应分量为坐标的三维曲线	X,Y,Z 是同维向量或同维矩阵(矩阵的列数条曲线),s 是线型、颜色
plot3(X1,Y1,Z1,'s1',' X2,Y2,Z2,'s2',…)	每四个数组 $Xi,Yi,Zi,'si'$,绘制一条曲线	Xi,Yi,Zi 是同维向量

例 7-1　绘制三维螺旋线

$$\begin{cases} x = t\sin t \\ y = t\cos t, \quad 0 \leqslant t \leqslant 6\pi \\ z = t \end{cases} 及 \begin{cases} x = t\cos t \\ y = t\sin t, \quad 0 \leqslant t \leqslant 6\pi. \\ z = t \end{cases}$$

解　MATLAB 命令窗口输入

```
>>t=[0:pi/30:6*pi]';
>>X=[t.*sin(t)  t.*cos(t)];
>>Y=[t.*cos(t)  t.*sin(t)];
>>Z=[t t];
>>figure(1)
>>plot3(X,Y,Z)%矩阵作图
>> title('螺旋线')
```

图形如图 7-1 所示.

螺旋线

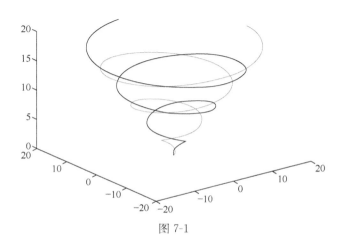

图 7-1

```
>> figure(2)
>>plot3(X(:,1),Y(:,1),Z(:,1),'r-',X(:,2),Y(:,2),Z(:,2),'b:')%数组
  作图
>>legend('x=tsint,y=tcost,z=t','x=tcost,y=tsint,z=t',0)
```
图形如图 7-2 所示.

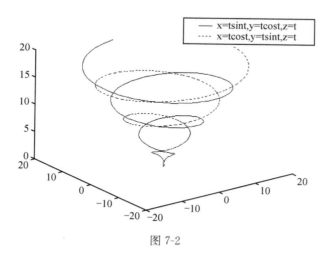

图 7-2

2. 符号函数作图

表 7-2 是 ezplot3 函数表.

表 7-2　　ezplot3 函数

命　令	功　能
ezplot3(x,y,z)	在默认区间 $t \in [0,2\pi]$ 上绘制 $x=x(t),y=y(t),z=z(t)$ 的图形
ezplot3(x,y,z,[a,b])	在区间 $t \in [a,b]$ 上绘制 $x=x(t),y=y(t),z=z(t)$ 的图形
ezplot3(x,y,z,[a,b],'animate')	同上,且产生动画绘制效果

例 7-2　绘制空间曲线 $x=t\sin t, y=\cos t, z=\sqrt{t}$.

解　MATLAB 命令窗口输入

```
>>syms t
>>x=t*sin(t);
>>y=cos(t);
>>z=sqrt(t);
>>figure(1)
>>ezplot3(x,y,z)
```
图形如图 7-3 所示.
```
>>figure(2)
>>ezplot3(x,y,z,[0,6*pi],'animate')
```

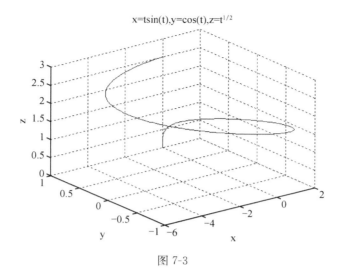

图 7-3

图形如图 7-4 所示.

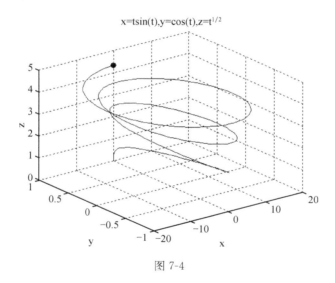

图 7-4

7.3.2　空间曲面的绘制

1. 数值作图

步骤:

(1) 确定自变量 x,y 的取值范围及步长 $x=a:h:b,y=c:k:d$;

(2) 产生 xOy 平面的网格节点坐标矩阵 $[X,Y]=\mathrm{meshgrid}(x,y)$;

(3) 计算网格节点处的函数值;

(4) 作图.

表 7-3 是 mesh 及 surf 函数表.

表 7-3　mesh 及 surf 函数

命　令	功　能
mesh(Z)	以 Z 矩阵的列、行下标为自变量 x,y 的值,画网格图
mesh(X,Y,Z)	以矩阵 X,Y,Z 为坐标的网格图
meshc(X,Y,Z)	同上,在网格下方绘制等高线
surf(Z)	同 mesh(Z),绘制三维表面图
surf(X,Y,Z)	绘制以矩阵 X,Y,Z 为坐标的表面图
surfc(X,Y,Z)	绘制表面图及等高线

例 7-3　绘制函数 $z = x\sin\sqrt{x^2 + y^2}$ 的图形,观察 4 个子图的不同特征(图 7-5).

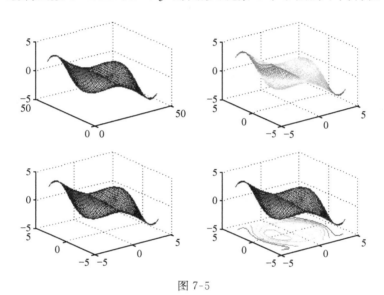

图 7-5

解　MATLAB 命令窗口输入

```
>>[X,Y]=meshgrid(-4:0.2:4);
>>Z=X.* sin(sqrt(X.^2+ Y.^2));
>>subplot(2,2,1)
>>mesh(Z)
>>subplot(2,2,2)
>>mesh(X,Y,Z)
>>subplot(2,2,3)
>>surf(X,Y,Z)
>>subplot(2,2,4)
>>surfc(X,Y,Z)
```

2. 符号函数作图

表 7-4 是 ezmesh 及 ezsurf 函数表.

表 7-4　ezmesh 及 ezsurf 函数

命　　令	功　　能
ezmesh(f)	在默认区域 $-2\pi \leqslant x, y \leqslant 2\pi$ 上画 $z=f(x,y)$ 的网格图
ezmesh(f,[a,b])	在 $a \leqslant x, y \leqslant b$ 上画 $z=f(x,y)$ 的网格图
ezmesh(f,[a,b,c,d])	在 $a \leqslant x \leqslant b, c \leqslant y \leqslant d$ 上画 $z=f(x,y)$ 的网格图
ezmesh(f,[a,b,c,d],'circ')	在圆域 $\left(\text{圆心为} \dfrac{a+b}{2}, \dfrac{c+d}{2}, \text{半径} r=\sqrt{\left(\dfrac{b-a}{2}\right)^2 + \left(\dfrac{d-c}{2}\right)^2}\right)$ 上画同上网格图
ezmesh(x,y,z)	在 $-2\pi \leqslant s, t \leqslant 2\pi$ 上画由参数方程 $x=x(s,t), y=y(s,t), z=z(s,t)$ 确定的网格图
ezmesh(x,y,z,[a,b])	在 $a \leqslant s, t \leqslant b$ 上画同上网格图
ezmesh(x,y,z,[a,b,c,d])	在 $a \leqslant s \leqslant b, c \leqslant t \leqslant d$ 上画同上网格图
ezmesh(x,y,z,[a,b,c,d],'circ')	在圆域上画同上网格图
ezmeshc(f,[a,b])	画带等高线的三维网格图

注:若自变量不是 x,y,自变量的取值顺序按字母顺序排列;ezsurf 命令画彩色表面图,调用格式与 ezmesh 相同.

例 7-4　分别用命令 ezmesh($-2 \leqslant x \leqslant 2, -2 \leqslant y \leqslant 2$) 和 ezsurf($0 \leqslant x \leqslant 4, -1 \leqslant y \leqslant 4$) 作函数 $z=xy$ 的图形,并观察 4 个子图的不同特征(图 7-6).

解　MATLAB 命令窗口输入

```
>>syms x y
>>z= x * y;
>> subplot(2,2,1)
>>ezsurf(z,[-2,2])
>>subplot(2,2,2)
>>ezmesh(z,[-2,2],'circ')
>>subplot(2,2,3)
>>ezsurf(z,[0,4,-1,4])
>>subplot(2,2,4)
>>ezmesh(z,[0,4,-1,4],'circ')
```

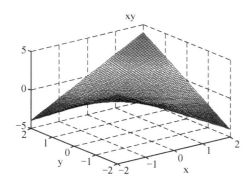 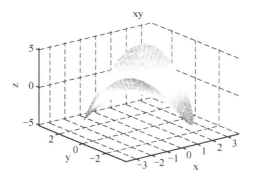

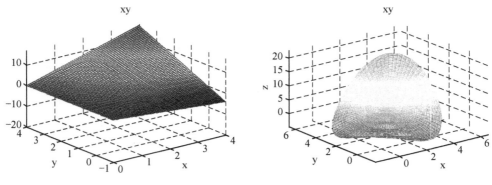

图 7-6

例 7-5 已知单位球面方程 $\begin{cases} x = \sin\varphi\cos\theta \\ y = \sin\varphi\sin\theta , \\ z = \cos\varphi \end{cases}$ $0 \leqslant \varphi \leqslant \pi, 0 \leqslant \theta \leqslant 2\pi.$

（1）画 $\dfrac{3}{4}$ 球壳；

（2）画球面被平面 $z = \dfrac{3}{4}$ 所截余下的部分球面.

解 MATLAB 命令窗口输入

```
>>x='sin(s)*cos(t)';
>>y='sin(s)*sin(t)';
>>z='cos(s)';
>>figure(1)
>>ezsurf(x,y,z,[0,pi,0,3/2*pi])
>>view(15,30)   %取方位角 15°,俯视角 30°作为观察点观察图形
```

图形如图 7-7 所示.

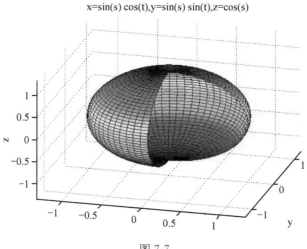

图 7-7

```
>>figure(2)
>>ezsurf(x,y,z,[acos(3/4),pi,0.2*pi])
```
图形如图 7-8 所示.

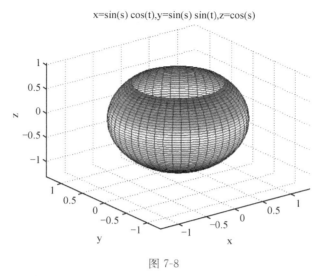

图 7-8

例 7-6　绘制下列各曲面的图形.

(1) 圆柱面 $x^2+y^2=4,0\leqslant z\leqslant 1$;　　　　(2) 抛物柱面 $z=y^2$;

(3) 圆锥面 $x^2+y^2=z^2$;　　　　(4) 单叶双曲面 $x^2+\dfrac{y^2}{4}-\dfrac{z^2}{9}=1$.

解　(1) 圆柱面的参数方程是 $\begin{cases} x=\cos t \\ y=\sin t,\ \text{取}\ t\in[0,2\pi],z\in[0,1]\text{作图}(\text{图 7-9}). \\ z=z \end{cases}$

MATLAB 命令窗口输入

```
>>ezsurf('2*cos(t)','2*sin(t)','z',[0,2*pi,0,1])
```

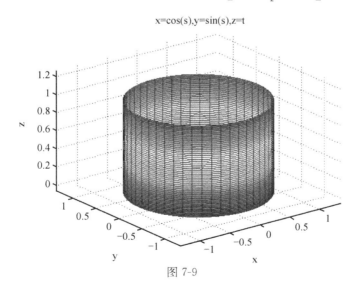

图 7-9

（2）抛物柱面的参数方程是 $\begin{cases} x=x \\ y=y \\ z=y^2 \end{cases}$ 取 $x\in[0,1],y\in[-2,2]$ 作图（图 7-10）.

MATLAB 命令窗口输入

```
>>ezsurf('x','y','y^2',[0,1,-2,2])
```

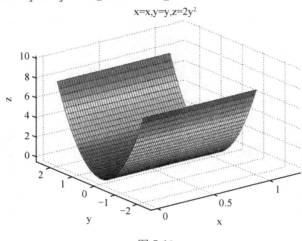

图 7-10

（3）圆锥面的参数方程是 $\begin{cases} x=u\cos v \\ y=u\sin v \\ z=u \end{cases}$，取 $u\in[-1,1],v\in[0,2\pi]$ 作图（图 7-11）.

MATLAB 命令窗口输入

```
>>ezsurf('u*cos(v)','u*sin(v)','u',[-1,1,0,2*pi])
```

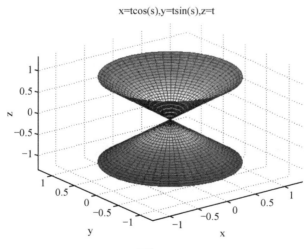

图 7-11

（4）单叶双曲面的参数方程是 $\begin{cases} x=\sec u\sin v \\ y=2\sec u\cos v \\ z=3\tan u \end{cases}$，取 $u\in\left[-\dfrac{\pi}{4},\dfrac{\pi}{4}\right],v\in[0,2\pi]$ 作图（图 7-12）.

MATLAB 命令窗口输入

```
>>ezsurf('sec(u) * sin(v)','2 * sec(u) * cos(v)','3 * tan(u)',
    [-pi/4,pi/4,0,2 * pi])
```

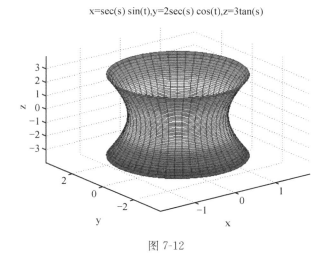

x=sec(s) sin(t),y=2sec(s) cos(t),z=3tan(s)

图 7-12

7.3.3　视点控制

　　利用 view 函数设置观察三维图形的角度，有两种方法设置角度.

　　方法一　指定观察的方位角 az 和俯视角 el. 如图 7-13 所示，从 y 轴负方向旋转到视线 l 在 xOy 平面上的投影 l' 的角度称为方位角 az. 沿 l' 旋转到视线 l 的角度称为俯视角. 逆时针旋转取正值，顺时针旋转取负值，单位为度.

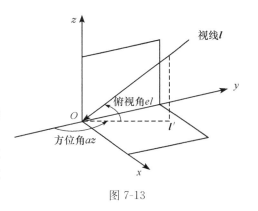

图 7-13

　　方法二　设置观察点的坐标 (x,y,z).

　　表 7-5 是 view 函数表.

表 7-5　view 函数

命　令	功　能
view(az,el)	通过方位角、俯视角设置视点
view([x,y,z])	通过直角坐标设置视点
view(2)	设置二维图形的视角，默认 $az=0°,el=90°$
view(3)	设置三维图形的视角，默认 $az=-37.5°,el=30°$
[az,el]=view	返回当前的方位角和仰视角

　　例 7-7　绘制函数 $z=xe^{-x^2-y^2}$ 的图形，并在各坐标面设置点观察图形.

　　解　MATLAB 命令窗口输入

```
>>z='x * exp(-x^2-y^2)';
>>subplot(2,2,1)
>>ezsurf(z)
>>subplot(2,2,2)
>>ezsurf(z)
>>view([1,0,0])
>>[az1,el1]=view
az1 =
     90
el1 =
     0
>>subplot(2,2,3)
>>ezsurf(z)
>>view([0,1,0])
>>[az2,el2]=view
az2 =
     180
el2 =
     0
>>subplot(2,2,4)
>>ezsurf(z)
>> view([0,0,1])
>>[az3,el3]=view
az3 =
     0
el3 =
     90
```

图形如图 7-14 所示.

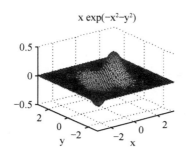
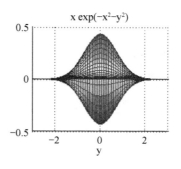

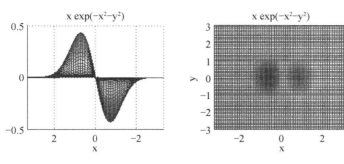

图 7-14

观察各子图,得结果如表 7-6 所示.

表 7-6　坐标面上的投影函数

投影面	指定观察点	指定方位角和俯视角
xOy	view([0,0,1])	view(0,90)
yOz	view([1,0,0])	view(90,0)
zOx	view([0,1,0])	view(180,0)

7.3.4 等高线的绘制

1. 二维符号等高线图

表 7-7 是 ezcontour 函数表.

表 7-7　ezcontour 函数

命　令	功　　能
ezcontour(f)	在默认区域 $0 \leqslant x,y \leqslant 2\pi$ 上画 $z=f(x,y)$ 的等高线图
ezcontour(f,[a,b])	在 $a \leqslant x,y \leqslant b$ 上画 $z=f(x,y)$ 的等高线图
ezcontour(f,[a,b,c,d])	在 $a \leqslant x \leqslant b,c \leqslant y \leqslant d$ 上画 $z=f(x,y)$ 的等高线图
ezcontour(…,n)	绘制 $z=f(x,y)$ 的 $n \times n$ 个网格的等高线图,n 的默认值是 60
ezcontourf(…,n)	绘制 $z=f(x,y)$ 的 $n \times n$ 个网格的经过填充的等高线图

例 7-8　绘制函数 $z=\sin x+\cos(x+y)$,$x \in \left[-\dfrac{\pi}{2},\dfrac{\pi}{2}\right]$,$y \in \left[-\dfrac{\pi}{2},\dfrac{\pi}{2}\right]$ 的二维等高线和填充等高线.

解　MATLAB 命令窗口输入

```
>>z='sin(x)+cos(x+ y)';
>>figure(1)
>>ezsurf(z,[-pi/2,pi/2])
```

图形如图 7-15 所示.

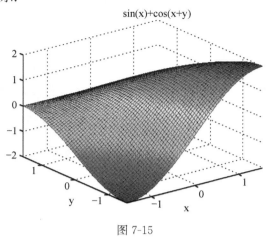

图 7-15

```
>>figure(2)
>>subplot(1,2,1)
>>ezcontour(z,[-pi/2,pi/2])
>>subplot(1,2,2)
>>ezcontourf(z,[-pi/2,pi/2])
```

图形如图 7-16 所示.

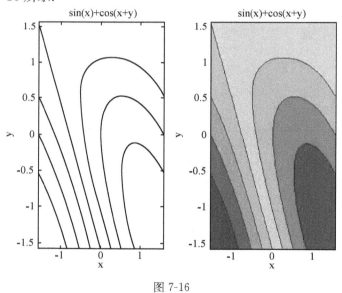

图 7-16

2. 二维数值等高线图

表 7-8 是 contour 函数表.

表 7-8　contour 函数

命　令	功　能
contour(z)	绘制矩阵 Z 的二维等高线，x,y 坐标由 z 的列、行下标确定
contour(z,n)	绘制同上等高线，指定等高线为 n 条，缺省值是 8

命　令	功　能
contour(z,v)	绘制 z 的等高线,等高线位于向量 v 指定的值处,等高线的条数为 length(v)
contour(X,Y,Z)	绘制 z 的二维等高线,若 X,Y 是向量,则 X,Y 确定坐标轴的范围; 若 X,Y 是矩阵,则 $X(1,:)$ 和 $Y(:,1)$ 确定坐标轴的范围
contour(X,Y,Z,$'s'$)	同上,s 指定线型、颜色
c=contour(⋯)	绘制等高线,并返回等高线矩阵 c,其中(⋯)表示上述各类参数
contourf(X,Y,Z)	绘制填充二维等高线

注:contour3 绘制三维等高线,调用格式同 contour.

例 7-9　绘制多峰函数 $z = 3(1-x)^2 e^{-x^2-(y+1)^2} - 10(\frac{x}{5} - x^3 - y^5) e^{-x^2-y^2} - \frac{1}{3} e^{-(x+1)^2-y^2}$,在 $x \in [-\pi,\pi]$,$y \in [-\pi,\pi]$ 上的图形以及二维等高线、二维填充等高线和三维等高线的图形.

解　MATLAB 命令窗口输入

```
>>x=linspace(-pi,pi,50);
>>[X,Y]=meshgrid(x);
>>Z=3.*(1-X).^2.* exp(-X.^2-(Y+1).^2)-10*(X./5-X.^3-Y.^5).
   * exp(-X.^2-Y.^2)⋯-1/3.* exp(-(X+1).^2-Y.^2);
>>figure(1)
>>surf(X,Y,Z)
>>title('多峰函数')
```

图形如图 7-17 所示.

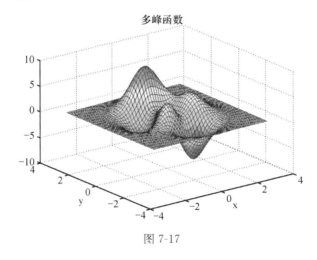

图 7-17

```
>>figure(2)
>>c=contour(X,Y,Z,8);
>>clabel(c)          %添加高度数据
>>title('多峰函数标注高度的二维等高线')
```

图形如图 7-18 所示.

```
>>figure(3)
>>contourf(X,Y,Z,12)
>>title('多峰函数的填充二维等高线')
```

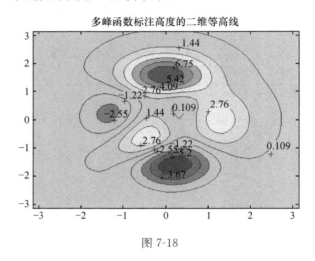

图 7-18

图形如图 7-19 所示.

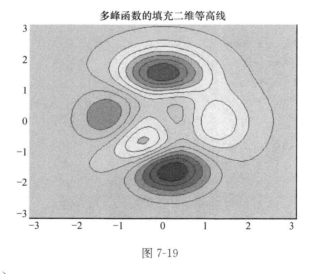

图 7-19

```
>>figure(4)
>>contour3(X,Y,Z,16)
>>grid off
>>title('多峰函数的三维等高线')
```

图形如图 7-20 所示.

多峰函数的三维等高线

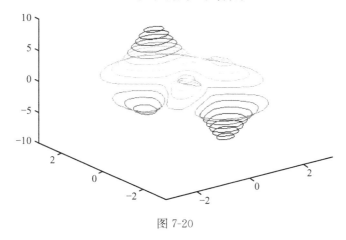

图 7-20

7.4　实验任务

1. 用符号函数作图法绘制下列空间曲线的图形：

(1) $\begin{cases} x=t-\sin t \\ y=1-\cos t, \\ z=4\sin\dfrac{t}{2} \end{cases}$　$t\in[-\pi,\pi]$；　　(2) $\begin{cases} x=3\cos t \\ y=3\sin t, \\ z=3\ln\cos t \end{cases}$　$t\in\left[-\dfrac{\pi}{3},\dfrac{\pi}{3}\right]$.

2. 用数值作图的方法绘制下列空间曲线：

(1) $\begin{cases} x=3t\cos t \\ y=3t\sin t, \\ z=4t \end{cases}$　$t\in[-2\pi,2\pi]$；　(2) $\begin{cases} x=(4+\sin20t)\cos t \\ y=(4+\sin20t)\sin t, \\ z=\cos20t \end{cases}$　$t\in\left[0,\dfrac{\pi}{2}\right]$.

3. 绘制参数曲面

(1) $\begin{cases} x=a(1-k)\cos nv(1+\cos u)+c\cos nv \\ y=a(1-k)\sin nv(1+\cos u)+c\sin nv \\ z=bk+a(1-k)\sin v \end{cases}$ ，其中 a,b,c,n 为常数，自定，$k=\dfrac{v}{2\pi}$.

(2) 椭球面 $\begin{cases} x=a\sin u\cos v \\ y=b\sin u\sin v \\ z=c\cos u \end{cases}$ ，其中 a,b,c 为常数，自定. 要求画 $\dfrac{1}{8},\dfrac{1}{4},\dfrac{1}{2},\dfrac{5}{8}$ 球面.

4. 绘制下列曲面和曲面在各坐标面上的投影：

(1) $z=x^2+xy+y^2+x-y+1,x\in[-3,4],y\in[0,5]$（要求作数值图）；

(2) $\begin{cases} x=2\mathrm{ch}u\cos v \\ y=2\mathrm{ch}u\sin v, \\ z=-u \end{cases}$　$u\in[-\pi,\pi],v\in[-\pi,\pi]$.

5. 绘制下列二元函数的图形以及二维、三维等高线图：

(1) $z=\sin\sqrt{x^2+y^2},x\in[-3,3],y\in[-3,3]$；

(2) $z=x^2+y^2-xy$.

6. 某科研小组对山区地形地貌进行考察,现通过遥感技术在海拔为 300m 的高空探测到矩形区域 [1,2]×[2,3] 内的一些地面点的垂直距离,如表 7-9 所示(表中数据均减去了 200).假设所观察的矩形区域内均是陆地,且整个地表面可以看作是一张光滑曲面,要求:

(1)由表 7-9 中的数据绘制山区地貌图;

(2)建立观察区域内的近似地表曲面方程,由曲面方程绘制地貌图,并与(1)比较;

(3)计算曲面方程在各观测点的误差,绘制误差曲面.

表 7-9　山区地貌测绘数据

Z x / y	1.0	1.1	1.2	1.3	1.4	1.5	1.6	1.7	1.8	1.9	2.0
2.0	5.11	5.13	5.14	5.13	5.09	5.04	4.98	4.93	4.89	4.85	4.85
2.1	5.39	5.49	5.51	5.46	5.32	5.14	4.94	4.74	4.59	4.49	4.48
2.2	5.61	5.77	5.81	5.71	5.51	5.23	4.90	4.59	4.36	4.21	4.19
2.3	5.73	5.92	5.97	5.86	5.62	5.27	4.88	4.51	4.23	4.05	4.03
2.4	5.74	5.93	5.98	5.86	5.62	5.28	4.88	4.51	4.21	4.04	4.02
2.5	5.63	5.79	5.84	5.74	5.53	5.23	4.91	4.59	4.33	4.18	4.16
2.6	5.42	5.53	5.56	5.49	5.35	5.16	4.93	4.73	4.55	4.45	4.44
2.7	5.14	5.18	5.19	5.17	5.12	5.05	4.97	4.90	4.84	4.81	4.80
2.8	4.48	4.80	4.79	4.82	4.87	4.94	5.02	5.10	5.16	5.19	5.20
2.9	4.56	4.45	4.43	4.49	4.64	4.84	5.06	5.28	5.45	5.55	5.56
3.0	4.36	4.19	4.16	4.25	4.47	4.76	5.09	5.41	5.66	5.81	5.83

实验 8　多元函数微分学

8.1　实 验 目 的

（1）学习用软件求解多元函数的导数.
（2）学习用软件求解二元函数的极值,并将二元函数可视化.
（3）会用软件解决应用问题.

8.2　预 备 知 识

8.2.1　二元函数微分法

1. 一阶偏导数

设函数 $z=f(x,y)$,则一阶偏导数

$$\frac{\partial z}{\partial x} = \lim_{\Delta x \to 0} \frac{f(x+\Delta x,y)-f(x,y)}{\Delta x},$$

$$\frac{\partial z}{\partial y} = \lim_{\Delta x \to 0} \frac{f(x,y+\Delta y)-f(x,y)}{\Delta y}.$$

2. 二阶偏导数

$$\frac{\partial^2 z}{\partial x^2} = \frac{\partial}{\partial x}\left(\frac{\partial z}{\partial x}\right), \quad \frac{\partial^2 z}{\partial x \partial y} = \frac{\partial}{\partial y}\left(\frac{\partial z}{\partial x}\right),$$

$$\frac{\partial^2 z}{\partial y \partial x} = \frac{\partial}{\partial x}\left(\frac{\partial z}{\partial y}\right), \quad \frac{\partial^2 z}{\partial y^2} = \frac{\partial}{\partial y}\left(\frac{\partial z}{\partial y}\right).$$

3. 全微分

$$\mathrm{d}z = \frac{\partial z}{\partial x}\mathrm{d}x + \frac{\partial z}{\partial y}\mathrm{d}y.$$

4. 隐函数微分法

由方程 $F(x,y,z)=0$ 所确定二元函数 $z=f(x,y)$,则有

$$\frac{\partial z}{\partial x} = -\frac{\partial F/\partial x}{\partial F/\partial z}, \quad \frac{\partial z}{\partial y} = -\frac{\partial F/\partial y}{\partial F/\partial z}.$$

8.2.2　多元函数微分学的应用

1. 几何应用

（1）由参数方程给出的空间曲线 $\begin{cases} x=x(t) \\ y=y(t) \\ z=z(t) \end{cases}$ 的切线与法平面方程.

过点(x_0, y_0, z_0)的切线方程为

$$\frac{x - x_0}{x'(t_0)} = \frac{y - y_0}{y'(t_0)} = \frac{z - z_0}{z'(t_0)}.$$

法平面方程为

$$x'(t_0)(x - x_0) + y'(t_0)(y - y_0) + z'(t_0)(z - z_0) = 0$$

切向量

$$\boldsymbol{T} = \{x'(t_0), y'(t_0), z'(t_0)\}.$$

（2）曲面 $F(x, y, z) = 0$ 的切平面及法线方程.

过点(x_0, y_0, z_0)的切平面方程为

$$F_x(x_0, y_0, z_0)(x - x_0) + F_y(x_0, y_0, z_0)(y - y_0) + F_z(x_0, y_0, z_0)(z - z_0) = 0.$$

法线方程为

$$\frac{x - x_0}{F_x(x_0, y_0, z_0)} = \frac{y - y_0}{F_y(x_0, y_0, z_0)} = \frac{z - z_0}{F_z(x_0, y_0, z_0)}.$$

法向量：

$$\boldsymbol{n} = \{F_x(x_0, y_0, z_0), F_y(x_0, y_0, z_0), F_z(x_0, y_0, z_0)\}.$$

2. 二元函数的极值

1）无条件值

函数 $z = f(x, y)$ 在点(x_0, y_0)的某邻域内有一阶和二阶连续偏导数，且 $f_x(x_0, y_0) = 0, f_x(x_0, y_0) = 0$，令

$$A = f_{xx}(x_0, y_0), \quad B = f_{xy}(x_0, y_0), \quad C = f_{yy}(x_0, y_0).$$

若 $AC - B^2 > 0$，则 $z = f(x, y)$ 在(x_0, y_0)有极值，且当 $A > 0$ 时有极小值，当 $A < 0$ 时有极大值.

若 $AC - B^2 < 0$，则函数在(x_0, y_0)无极值.

2）条件极值

拉格朗日数值法　求函数 $z = f(x, y)$ 在条件 $\varphi(x, y) = 0$ 下的可能极值点，构造函数

$$F(x, y) = f(x, y) + \lambda\varphi(x, y).$$

其中 λ 为某一常数.

联立解方程组

$$\begin{cases} f_x(x, y) + \lambda\varphi_x(x, y) = 0 \\ f_y(x, y) + \lambda\varphi_y(x, y) = 0. \\ \varphi(x, y) = 0 \end{cases}$$

求出 x, y, λ，则其中 x, y 就是可能的极值点坐标.

3. 近似计算

1）函数改变量

$$\Delta z \approx dz = f_x(x, y)\Delta x + f_y(x, y)\Delta y,$$

或

$$f(x + \Delta x, y + \Delta y) \approx f(x, y) + f_x(x, y)\Delta x + f_y(x, y)\Delta y.$$

2）绝对误差与相对误差

绝对误差

$$\delta_z = \left| \frac{\partial z}{\partial x} \right| \delta_x + \left| \frac{\partial z}{\partial y} \right| \delta_y,$$

其中 δ_x, δ_y 分别为 x, y 的绝对误差.

相对误差

$$\frac{\delta_z}{|z|} = \left| \frac{\frac{\partial z}{\partial x}}{z} \right| \delta_x + \left| \frac{\frac{\partial z}{\partial y}}{z} \right| \delta_y.$$

4. 梯度

设函数 $z = f(x, y)$ 在平面区域 D 内具有一阶连续偏导数,则此函数在点 $P_0(x_0, y_0, z_0) \in D$ 的梯度为

$$\mathrm{grad}\, f(x_0, y_0) = f_x(x_0, y_0)\boldsymbol{i} + f_x(x_0, y_0)\boldsymbol{j}.$$

沿梯度方向的方向导数取得最大值,梯度方向与等高线在这点的一个法线方向相同,它的指向从数值较低的等高线指向数值较高的等高线.

8.3　实　验　内　容

8.3.1　多元函数 $z = f(x_1, x_2, \cdots, x_n)$ 的偏导数

表 8-1 是 diff 函数表.

表 8-1　diff 函数

命　令	功　能
diff(z, x_i)	求函数 z 对 x_i 的偏导数
diff(z, x_i, n)	求函数 z 对 x_i 的 n 阶偏导数
diff(diff(z, x_i), x_j)	求函数 z 先对 x_i 再对 x_j 的二阶混合偏导数

例 8-1　设 $z = x^4 + y^4 - 4x^2 y^2$,求 $\dfrac{\partial^2 z}{\partial x^2}, \dfrac{\partial^2 z}{\partial y^2}, \dfrac{\partial^2 z}{\partial x \partial y}$.

解　MATLAB 命令窗口输入

```
>>syms x y
>>z=x^4+y^4-4*x^2*y^2;
>>zxx=diff(z,x,2)
zxx =
    12*x^2-8*y^2
>>zyy=diff(z,y,2)
zyy =
    12*y^2-8*x^2
>>zxy=diff(diff(z,x),y)
zxy =
    -16*x*y
```

结果:$\dfrac{\partial^2 z}{\partial x^2} = 12x^2 - 8y^2, \dfrac{\partial^2 z}{\partial y^2} = 12y^2 - 8x^2, \dfrac{\partial^2 z}{\partial x \partial y} = -16xy.$

例 8-2(隐函数求导） 设 $\dfrac{x}{z}=\ln\dfrac{z}{y}$，求 $\dfrac{\partial z}{\partial x}$ 及 $\dfrac{\partial z}{\partial y}$.

解 MATLAB 命令窗口输入

```
>>syms x y z
>>F=x/z-log(z/y);
>>zx=simple(-diff(F,x)/diff(F,z))
zx =
    z/(x+z)
>>zy=simple(-diff(F,y)/diff(F,z))
zy =
    z^2/y/(x+z)
```

结果：$\dfrac{\partial z}{\partial x}=\dfrac{z}{x+z},\dfrac{\partial z}{\partial y}=\dfrac{z^2}{y(x+z)}$.

例 8-3 计算函数 $u=x+\sin\dfrac{y}{2}+e^{yz}$ 的全微分.

解 MATLAB 命令窗口输入

```
>>syms x y z
>>u=x+sin(y/2)+exp(y * z);
>>du=diff(u,x) * 'dx'+diff(u,y) * 'dy'+diff(u,z) * 'dz'
du =
dx+(1/2 * cos(1/2 * y)+z * exp(y * z)) * dy+y * exp(y * z) * dz
```

结果：$du=dx+\left(\dfrac{1}{2}\cos\dfrac{y}{2}+ze^{yz}\right)dy+ye^{yz}dz$.

8.3.2 多元函数微分学的几何应用

例 8-4 求曲线 $x=\dfrac{t}{1+t},y=\dfrac{1+t}{t},z=t^2$ 在对应于 $t=1$ 的点处的切线及法平面方程，并作图.

解 (1) 求切点坐标 $M_0(x(t_0),y(t_0),z(t_0))$ 和 M_0 处的切向量 $T_0=\{x'(t_0),y'(t_0),z'(t_0)\}$.

MATLAB 命令窗口输入

```
>>syms t
>>M= [t/(1+ t)(1+ t)/t t^2];      %动点 M
>>T= diff(M);                      %曲线在点 M 的切向量
>>t=1;
>>M0=eval(M)
M0 =
    0.5000    2.0000    1.0000
>>T0=eval(T)
T0 =
```

　　　0.2500　　−1.0000　　2.0000

于是得切线方程

$$\frac{x-1/2}{1/4} = \frac{y-2}{-1} = \frac{z-1}{2}.$$

法平面方程

$$\frac{1}{4}\left(x-\frac{1}{2}\right)-(y-2)+2(z-1)=0.$$

（2）作曲线、切线和法平面的图形

MATLAB 命令窗口输入

```
>>t=0.1 : 0.1 : 2;
>>x1=t./(1+t);y1=(1+ t)./t;z1=t.^2;
>>subplot(2,2,1)
>>plot3(x1,y1,z1,0.5,2,1,'r * ')
>>t=-1:0.1:1;
>>x2=1/2+1/4 * t;y2=2-t;z2=1+2 * t;
>>subplot(2,2,2)
>>plot3(x2,y2,z2,0.5,2,1,'r * ')
>>x=0:0.1:1;y=0:0. 3:10;
>>[X,Y]=meshgrid(x,y);
>>Z=-X/8+Y/2+1/16;
>>subplot(2,2,3)
>>surf(X,Y,Z)
>>hold on
>>plot3(0. 5,2,1,'r * ')
>>hold off
>>subplot(2,2,4)
>>plot3(x1,y1,z1,'b-',x2,y2,z2,'r-',0.5,2,1,'r * ')
>>hold on
>>mesh(X,Y,Z)
>>hold off
```

图形如图 8-1 所示.

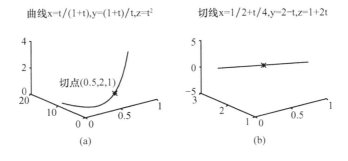

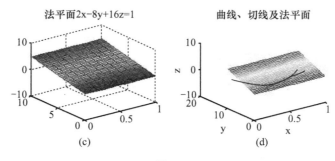

图 8-1

例 8-5　求曲面 $x^2-xy-8x+z+5=0$ 在点 $(2,-3,1)$ 处的切平面及法线方程,并作图表示.

解　(1) 求曲面在点 $(2,-3,1)$ 处的法向量.

MATLAB 命令窗口输入

```
>>syms x y z
>>F=x^2-x * y-8 * x+z+5;
>>n=[diff(F,x),diff(F,y),diff(F,z)];   %求曲面的法向量
>>x=2;y=-3;z=1;
>>n0=eval(n)
n0 =
    -1    -2    1
```

因此得切平面方程

$$-(x-2)-2(y+3)+(z-1)=0.$$

即

$$x+2y-z+5=0.$$

法线方程

$$\frac{x-2}{-1}=\frac{y+3}{-2}=\frac{z-1}{1}.$$

法线的参数方程是

$$x=2-t,\quad y=-3-2t,\quad z=1+t.$$

(2) 作曲面、切平面及法线的图形

MATLAB 命令窗口输入

```
>>syms x y z
>>subplot(2,2,1)
>>z1=-x^2+x * y+8 * x-5;
>>ezsurf(z1,[-2,4,-7,1])
>>hold on
>>plot3(2,-3,1,'r * ')
>>hold off
```

```
>>subplot(2,2,2)
>>z2=x+2*y+5;
>>ezsurf(z2,[-2,4,-7,1])
>>hold on
>>plot3(2,-3,1,'r*')
>>hold off
>>subplot(2,2,3)
>>t=-2:0.2:2;
>>x=2-t;y=-3-2*t;z=1+t;
>>plot3(x,y,z,2,-3,1,'r*')
>>subplot(2,2,4)
>>ezurf(z1,[-2,4,-7,1])
>>hold on
>>ezsurf(z2,[-2,4,-7,1])
>>hold on
>>plot3(x,y,z,'r-',2,-3,1,'r*')
>>hold off
```

图形如图 8-2 所示.

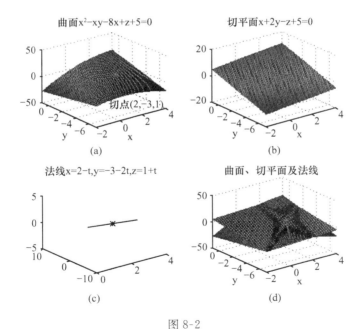

图 8-2

8.3.3 二元函数的极值

表 8-2 是 fminsearch 函数表.

表 8-2　fminsearch 函数

命　令	功　能
$[x, fmin] = fminsearch(f, x0)$	单纯形法,以 $x0$ 为初始搜索点,x 是极小值点,$fmin$ 是极小值
$[x, fmin] = fminunc(f, x0)$	拟牛顿法

注:f 为字符串,内联函数,M 函数文件,自变量必须写成 $x(1), x(2), \cdots$.

步骤:

(1) 绘制曲面图形,观察极值点范围;

(2) 用命令求极值.

例 8-6　求函数 $f = x^3 - y^3 + 3x^2 + 3y^2 - 9x$ 的极值.

解　方法一　命令求极值

MATLAB 命令窗口输入

```
>>[X,Y]= meshgrid(-4:0.5:4);
>>f=X.^3-Y.^3+3*X.^2+ 3*Y.^2-9*X;
>>surf(X,Y,f)
```

图形如图 8-3 所示.

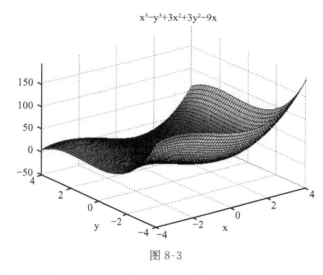

图 8-3

```
>>f1='x(1)^3-x(2)^3+3*x(1)^2+3*x(2)^2-9*x(1)';
>>[x1,f1min]=fminsearch(f1,[2,0])
x1 =
    1.0000    0.0000
f1min =
     -5.0000
>>f2='-x(1)^3+x(2)^3-3*x(1)^2-3*x(2)^2+9*x(1)';
```

```
>>[x2,f2min]=fminsearch(f2,[-2,3])
x2 =
    -3.0000    2.0000
f2min =
      -31.0000
>>fmax=-f2min
fmax =
    31.0000
```

结果:极小值 $f(1,0)=-5$,极大值 $f(-3,2)=31$.

方法二 判定定理求极值

MATLAB 命令窗口输入

```
>>syms  x  y
>>z=x^3-y^3+3*x^2+3*y^2-9*x;
>>s=solve(diff(z,x),diff(z,y));      %解方程组
>>s=eval([s.x,s.y])                  %驻点
s =
     1     0
    -3     0
     1     2
    -3     2
>>a=diff(z,x,2);
>>b=diff(diff(z,x),y);
>>c=diff(z,y,2);
>>p=a*c-b^2;
>>p=subs(p,{x,y},{s(1:4,1),s(1:4,2)})
p =
  72    -72    -72    72
>>A=subs(a,{x,y},{s(1:4,1),s(1:4,2)})
A =
  12    -12    12    -12
>>zmin=subs(z,{x,y},{s(1,1),s(1,2)})
zmin =
      -5
>>zmax=subs(z,{x,y},{s(4,1),s(4,2)})
zmax =
    31
```

计算结果与调用命令相同.

例 8-7 设生产某种产品的数量与所用的两种原料 A,B 的数量 x,y 间的关系式为

$$f(x,y) = 0.05x^2y.$$

欲用 150 元购料,已知 A,B 原料的单价分别为 1 元,2 元,问购进两种原料各多少,可使生产数量最多?

解　分析:这是一个条件极值问题

生产数量函数

$$f(x, y) = 0.05x^2y.$$

条件

$$x + 2y = 150.$$

构造辅助函数

$$F = 0.05x^2y - \lambda(x + 2y - 150).$$

MATLAB 命令窗口输入

```
>>syms x y r
>>f=0.05*x^2*y;
>>L=f-r*(x+2*y-150);
>>S=diff(L,x),diff(L,y),diff(L,r);
>>S=double([S.x S.y S.r])
S=
    0     75     0
    100   25     250
>>%点(0,75,0)不合题意舍去,(100,25,250)为唯一可行驻点
>>fmax=subs(f,{x,y},{S(2,1),S(2,2)})
fmax =
     12500
>>xmax=S(2,1)
xmax =
     100
>>ymax=S(2,2)
ymax =
     25
```

结果:购进 100 个单位的原料 A,25 个单位的原料 B 时,生产的产品最多,最多产品数量为 12500 个单位.

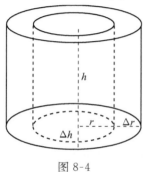

图 8-4

8.3.4　近似计算

例 8-8　有一无盖圆柱形容器,容器的壁与底的厚度为 0.1cm,内高为 20cm,内半径为 4cm,求容器外壳所含体积的近似值(图 8-4).

解　分析:设容器内半径为 r,内高为 h,则容器内体积为

$$V = \pi r^2 h.$$

取 $r_0 = 4, h_0 = 20, \Delta r = 0.1, \Delta h = 0.1$,那么容器外壳所含体积为

$$V_1 \approx V(r_0, h_0) + V'_r(r_0, h_0)\Delta r + V'_h(r_0, h_0)\Delta h.$$

MATLAB 命令窗口输入

```
>>syms r h
>>V= pi * r^2 * h;
>>vd=[diff(v,r)  diff(v,h)];
>>r=4;
>>h=20;
>>v0=eval(v);
>> vd0=eval(vd);
>>m=[0.1 0.1];
>>dv=vd0 * m';
>>v1=v0+dv
v1 =
    1.0606e+003
```

结果:容器外壳所含体积大约为 1060.6cm^3.

例 8-9　测得一块三角形土地的两边边长分别为 $(63\pm0.1)\text{m}$ 和 $(78\pm0.1)\text{m}$,这两边的夹角为 $60°\pm1°$,试求:

(1) 三角形面积的近似值;

(2) 三角形面积的绝对误差和相对误差.

解　分析:如图 8-5 所示,设三角形的两条边长分别为 a 和 b,夹角为 A,则三角形的面积为

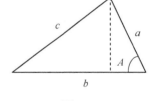

图 8-5

$$S = \frac{1}{2}ab\sin A.$$

由已知 $a_0 = 63\text{cm}$, $b_0 = 78\text{cm}$, $\angle A_0 = 60°$, $\delta a = 0.1\text{cm}$, $\delta b = 0.1\text{cm}$, $\delta A = 1°$,得

(1) 三角形面积

$$S \approx \frac{1}{2}a_0 b_0 \sin A_0.$$

(2) 三角形面积的绝对误差

$$\delta_S = |S_a(a_0, b_0)|\delta_a + |S_b(a_0, b_0)|\delta_b + |S_A(a_0, b_0)|\delta_A.$$

三角形面积的相对误差 $\dfrac{\delta_S}{|S|}$.

MATLAB 命令窗口输入

```
>>syms a b A
>>s=a * b * sin(A)/2;
>>sd=[diff(s,a)  diff(s,b)  diff(s,A)];
>>a0=63; b0=78; A0=60 * pi/180;
>>s0=eval(s)
s0 =
```

```
   2.1278e+003
>>sd0=abs(eval(sd));
>>m=[0.1 0.1 pi/180];
>>ds=sd0*m'
ds=
   27.5468
>>es=ds/s
es=0.0129
```

结果:三角形面积的近似值为 2128m², 绝对误差为 27.5468m² 相对误差为 1.29%.

8.3.5 梯度

表 8-3 是梯度及可视化函数表.

表 8-3 梯度及可视化函数

命 令	功 能	说 明
[Fx,Fy]=gradiend(F,h)	求二元函数的梯度	F 是函数的数值矩阵,h 是步长,默认值为 1.
quiver(x,y,u,v,s)	在 xOy 平面上画 (u,v) 表示的箭头	s 是箭头的长度

例 8-10 (1)绘制曲面 $z=x^2+y^2$ 的图形和等高线的图形;(2)绘制梯度的图形;(3)绘制从点 $(1,2)$ 出发的梯度线;(4)将等高线、梯度、梯度线绘制在同一图形窗口.

解 用等长的折线段来模拟梯度线. 设步长为 t,从点 $P_k(x_k,y_k)$ 出发,沿梯度方向前进 t 得到点 $P_{k+1}(x_{k+1},y_{k+1})$,即

$$\begin{cases} x_{k+1}=x_k+f_x(x_k,y_k)t \\ y_{k+1}=y_k+f_y(x_k,y_k)t \end{cases}, \quad k=0,1,2,\cdots.$$

连接 $P_0,P_1,P_2,\cdots$,即得梯度线的图形.

(1)绘制曲面与等高线

MATLAB 命令窗口输入

```
>>[X,Y]=meshgrid(-6:0.5:6);
>>Z=X.^2-Y.^2;
>>subplot(2,2,1)
>>surfc(Z)
```

(2)绘制梯度的图形

MATLAB 命令窗口输入

```
>>[FX,FY]=gradient(Z,0.5);
>>subplot(2,2,2)
>>quiver(X,Y,FX,FY,0.8)
```

(3)绘制从点 $(1,2)$ 出发的梯度线

MATLAB 命令窗口输入

```
>>subplot(2,2,3)
```

```
>>syms x y
>>f=x^2-y^2;
>>fd=[diff(f,x)  diff(f,y)];
>>t=0.025;
>>x0=ones(1,100);
>>y0=x0 * 2;
>>for i=1:100
    fd0=subs(fd,{x,y},{x0(i),y0(i)});
    x0(i+1)=x0(i)+fd0(1)/sqrt(fd0(1)^2+fd0(2)^2) * t;
    y0(i+1)=y0(i)+fd0(2)/sqrt(fd0(1)^2+fd0(2)^2) * t;
  end
>>plot(x0,y0)
```

（4）将等高线、梯度、梯度线绘制在同一图形窗口

MATLAB 命令窗口输入

```
>>subplot(2,2,4)
>>plot(x0,y0,'r',x0(1),y0(1),'r * ')
>>hold on
>>contour(X,Y,Z,10,'b')
>>hold on
>>quiver(X,Y,FX,FY,0.9)
>>hold off
```

观察图形 8-6 得知，函数 $z=x^2+y^2$ 在点 $P(x,y)$ 的梯度方向与过点 P 的等高线在这点的一个法方向相同，且从数值较低的等高线指向数值较高的等高线.

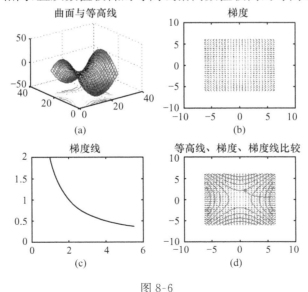

图 8-6

8.4　实 验 任 务

1. 求下列函数的偏导数 $\dfrac{\partial z}{\partial x}, \dfrac{\partial z}{\partial y}$：

(1) $z = y^x$；　　　　　　(2) 由方程 $2xy - 2xyz + \ln xyz = 0$ 确定 $z = z(x, y)$；

(3) $z = \dfrac{xy}{x^2 + y^2}$；　　(4) $z = (\sin x)^{\cos y}$.

2. 设 $z = x \ln(xy)$，求 $\dfrac{\partial^2 z}{\partial x^2 \partial y}, \dfrac{\partial^2 z}{\partial x \partial y}$.

3. 设 $f(x, y, z) = xy^2 + yz^2 + zx^2$，求 $f_{xx}(0, 0, 1)$，$f_{xz}(1, 0, 2)$，$f_{yz}(0, -1, 0)$ 及 $f_{zzx}(2, 0, 1)$.

4. (1) 求曲线 $\begin{cases} x = t \\ y = t^2 \\ z = t^3 \end{cases}$ 在点 $(1, 1, 1)$ 处的法平面方程；

(2) 作曲线、切线、法平面的图形.

5. (1) 求旋转椭圆球面 $3x^2 + y^2 + z^2 = 16$ 在点 $(-1, -2, 3)$ 处的切平面及法线方程；

(2) 绘制椭球面、切平面及法线的图形.

6. 分别绘制下列曲面、等高线以及梯度和从点 P_0 出发的梯度线，并观察等高线与梯度、梯度线的关系.

(1) $z = e^{-(x^2 + 2y^2)/10^4}$，$P_0(1, 1)$；

(2) $z = \sqrt{x^2 + y^2}$，$P_0(1.5, 2)$.

7. 一个小乡村的唯一商店有两种牌子的冻果汁，当地牌子的进价每听 30 美分，外地牌子的进价每听 40 美分. 店主估计，如果当地牌子的每听卖 x 美分，外地牌子每听卖 y 分，则每天可卖出 $70 - 5x + 4y$ 听当地牌子的果汁，$80 + 6x - 7y$ 听外地牌子的果汁. 问：店主每天以什么价格卖出两种牌子的果汁可取得最大的收益？

8. 某人有 200 元钱，准备用来购买计算机磁盘和录音磁带. 设他购买 x 张磁盘，y 盒录音磁带的效用函数为

$$U(x, y) = \ln x + \ln y.$$

设每张磁盘 8 元，每盒磁带 10 元，问他如何分配他的 200 元钱，才能达到最满意的效果？

9. 肾的一个重要功能是清除血液中的尿素，临床上在尿素少时，为减少尿素变动对所测尿素清除率值的影响，通常用尿素标准清除率计算法，即 $C = \dfrac{U \sqrt{V}}{P}$，$U$ 其中表示尿中的尿素浓度，V 表示每分钟排除的尿量，P 表示血液中的尿素浓度. 正常人尿素标准清除率约为 54. 某病人的实验室测量值为 $U = 500, V = 1.44, P = 20$. 若每一测量值的误差最大不超过 1%，试估算 C 的最大绝对误差和相对误差.

实验 9 重 积 分

9.1 实 验 目 的

(1) 学习用软件计算二重积分、三重积分.
(2) 会用软件描绘空间区域及其投影.
(3) 会用软件解决重积分应用问题.

9.2 预 备 知 识

9.2.1 二重积分

1. 在直角坐标下化为二次积分

$$\iint\limits_{D} f(x,y)\mathrm{d}\sigma = \int_{x_{\min}}^{x_{\max}} \mathrm{d}x \int_{y_{\min}}^{y_{\max}} f(x,y)\mathrm{d}y.$$

2. 在极坐标下化为二次积分

$$\iint\limits_{D} f(x,y)\mathrm{d}\sigma = \int_{\theta_{\min}}^{\theta_{\max}} \mathrm{d}\theta \int_{r_{\min}}^{r_{\max}} f(r\cos\theta, r\sin\theta) r\mathrm{d}r.$$

3. 几何意义

曲顶柱体的体积.

9.2.2 三重积分

1. 在直角坐标下化为三次积分

$$\iiint\limits_{\Omega} f(x,y,z)\mathrm{d}v = \int_{x_{\min}}^{x_{\max}} \mathrm{d}x \int_{y_{\min}}^{y_{\max}} \mathrm{d}y \int_{z_{\min}}^{z_{\max}} f(x,y,z)\mathrm{d}z.$$

2. 在柱面坐标 $\begin{cases} x = r\cos\theta \\ y = r\sin\theta \\ z = z \end{cases}$ 下化为三次积分

$$\iiint\limits_{D} f(x,y,z)\mathrm{d}v = \int_{\theta_{\min}}^{\theta_{\max}} \mathrm{d}\theta \int_{r_{\min}}^{r_{\max}} \mathrm{d}r \int_{z_{\min}}^{z_{\max}} f(r\cos\theta, r\sin\theta, z) r\mathrm{d}z.$$

3. 在球面坐标下 $\begin{cases} x = r\sin\varphi\cos\theta \\ y = r\sin\varphi\sin\theta \\ z = r\cos\varphi \end{cases}$ 下化为三次积分

$$\iiint\limits_{\Omega} f(x,y,z)\mathrm{d}v = \int_{\theta_{\min}}^{\theta_{\max}} \mathrm{d}\theta \int_{\varphi_{\min}}^{\varphi_{\max}} \mathrm{d}\varphi \int_{r_{\min}}^{r_{\max}} f(r\sin\varphi\cos\theta, r\sin\varphi\sin\theta, r\cos\varphi) r^2 \sin\varphi \mathrm{d}r.$$

9.3 实 验 内 容

9.3.1 重积分的计算

表 9-1 是重积分函数表.

表 9-1　重积分函数

表 达 式	命 令
$\iint\limits_{D} f(x,y)\mathrm{d}\sigma$	$\mathrm{int}(\mathrm{int}(f,y,y\mathrm{min},y\mathrm{max}),x,x\mathrm{min},x\mathrm{max})$
$\iiint\limits_{\Omega} f(x,y,z)\mathrm{d}v$	$\mathrm{int}(\mathrm{int}(\mathrm{int}(f,z,z\mathrm{min},z\mathrm{max}),y,y\mathrm{min},y\mathrm{max}),x,x\mathrm{min},x\mathrm{max})$

1. 二重积分

例 9-1　计算$\iint\limits_{D}(x^2+y^2)\mathrm{d}\sigma$,其中 $D=\{(x,y)\mid\mid x\mid\leqslant 1,\mid y\mid\leqslant 1\}$.

解　$\iint\limits_{D}(x^2+y^2)\mathrm{d}\sigma=\int_{-1}^{1}\mathrm{d}x\int_{-1}^{1}(x^2+y^2)\mathrm{d}y$.

MATLAB 命令窗口输入

```
>>syms x y
>>I=int(int(x^2+y^2,y,-1,1),x,-1,1)
I =
    8/3
```

结果:$\iint\limits_{D}(x^2+y^2)\mathrm{d}\sigma=\dfrac{8}{3}$.

例 9-2　计算$\iint\limits_{D}xy\mathrm{d}\sigma$ 其中 D 是由抛物线 $y^2=x$ 及直线 $y=x-2$ 所围成的闭区域.

解　步骤:

(1) 求 $y^2=x$ 与 $y=x-2$ 的交点;

(2) 作积分区域图形;

(3) 借助图形确定积分上、下限;

(4) 积分.

MATLAB 命令窗口输入

```
>>syms x y
>>F1=y^2-x;
>>F2=y-(x-2);
>>s=solve(F1,F2);
>>s0=double([s.x s.y])   %积分区域的边界曲线的交点
s0 =
    4     2
    1    -1
```

```
>>ezplot(F1,[0,4,-1,2])
>>hold on
>>ezplot(F2,[0,4,-1,2]);
>>hold off
>>I1=int(int(x*y,x,y^2,y+2),y,-1,2)   %先对 x,后对 y 积分
I1 =
    45/8
>>I2=int(int(x*y,y,-sqrt(x),sqrt(x)),x,0,1)+int(int(x*y,y,…
  x-2,sqrt(x)),x,1,4)   %先对 y 后对 x 积分
I2 =
    45/8
```

如图 9-1 所示.

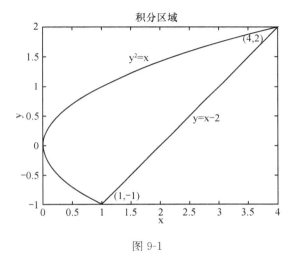

图 9-1

结果：$\displaystyle\iint\limits_{D} xy\,\mathrm{d}\sigma = \frac{45}{8}$.

例 9-3　计算二重积分$\displaystyle\iint\limits_{D} \mathrm{e}^{-x^2-y^2}\,\mathrm{d}x\mathrm{d}y$,其中 D 为 $x^2+y^2 \leqslant a^2$.

解　将直角坐标转化为极坐标进行积分

$$\iint\limits_{D} \mathrm{e}^{-x^2-y^2}\,\mathrm{d}x\mathrm{d}y = \iint\limits_{D} \mathrm{e}^{-r^2}\,r\mathrm{d}r\mathrm{d}t.$$

MATLAB 命令窗口输入

```
>>syms a r t
>>I=int(int(exp(-r^2)*r,r,0,a),t,0,2*pi)
I =
    -exp(-a^2)*pi+pi
```

结果：$\displaystyle\iint\limits_{D} \mathrm{e}^{-x^2-y^2}\,\mathrm{d}x\mathrm{d}y = \pi(1-\mathrm{e}^{-a^2})$.

2. 三重积分

例 9-4　计算三重积分 $\iiint\limits_{\Omega} x\,\mathrm{d}x\mathrm{d}y\mathrm{d}z$，其中 Ω 为三个坐标面与平面 $x+2y+z=1$ 所围成的闭区域.

解　步骤：

（1）求积分区域 Ω 与 Ox 轴的交点；

（2）作积分区域 Ω 与 xOy 平面的投影图形；

（3）化为三次积分 $\iiint\limits_{\Omega} x\,\mathrm{d}x\mathrm{d}y\mathrm{d}z = \int_0^1 \mathrm{d}x \int_0^{\frac{1-x}{2}} \mathrm{d}y \int_0^{1-x-2y} x\,\mathrm{d}z$.

MATLAB 命令窗口输入

```
>>syms x y z
>>s=solve('x+2*y+z-1=0','y=0','z=0');
>>s0=double([s.x s.y s.z])
s0 =
    1    0    0
>>x1=0:0.005:s0(1);
>>y1=(1-x1)./2;
>>stem(x1,y1)        %Ω 在 xOy 平面的投影
```

如图 9-2 所示.

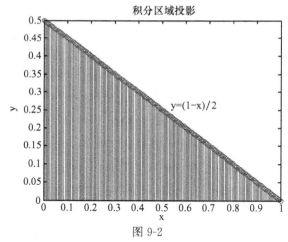

积分区域投影

图 9-2

```
>>I=int(int(int(x,z,0,1-x-2*y),y,0,(1-x)/2),x,0,1)
I =
    1/48
```

结果：$\iiint\limits_{\Omega} x\,\mathrm{d}x\mathrm{d}y\mathrm{d}z = \dfrac{1}{48}$.

例 9-5　利用柱面坐标计算三重积分 $\iiint\limits_{\Omega} z\,\mathrm{d}x\mathrm{d}y\mathrm{d}z$ 其中 Ω 是由曲面 $z=x^2+y^2$ 与平面 $z=4$ 所围成的闭区域.

解　步骤：

（1）将平面 $z=4$ 与曲面 $z=x^2+y^2$ 化为柱面坐标；

（2）作积分区域 Ω 的图形及 Ω 在平面上的投影图形；

（3）借助几何图形，确定积分限，将积分化为柱面积分

$$\iiint\limits_{\Omega} z\,\mathrm{d}x\mathrm{d}y\mathrm{d}z = \int_0^{2\pi}\mathrm{d}\theta\int_0^2\mathrm{d}r\int_{r^2}^4 zr\,\mathrm{d}z.$$

MATLAB 命令窗口输入

```
>>syms r t z
>>x=r*cos(t);
>>y=r*sin(t);
>>z1=4+0*r+0*t;
>>subplot(1,2,1)
>>ezsurf(x,y,z1,[0,2,0,2*pi])   %z=4 上的圆 x^2+y^2≤4
>>hold on
>>z2=r^2;
>>ezsurf(x,y,z2,[0,2,0,2*pi])   %旋转抛物面
>>hold off
>>subplot(1,2,2)
>>ezsurf(x,y,z1,[0,2,0,2*pi])
>>hold on
>>ezsurf(x,y,z2,[0,2,0,2*pi])
>>view(0,90)
>>hold off
>>I=int(int(int(z*r,z,z2,4),r,0,2),t,0,2*pi)
I =
    64/3*pi
```

图形如图 9-3 所示.

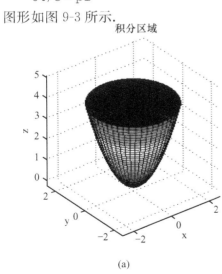

积分区域

(a)

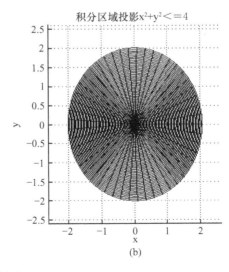

积分区域投影 $x^2+y^2\leqslant4$

(b)

图 9-3

结果：$\iiint\limits_{\Omega} z \, \mathrm{d}x\mathrm{d}y\mathrm{d}z = \dfrac{64}{3}\pi$.

9.3.2 综合应用

例 9-6 图 9-4 表示血管的一段，其长度为 L，左端的血压为 p_1，右端的血压为 $p_2 (p_1 > p_2)$. 设血管的半径为 $R(\mathrm{cm})$，管中的血流平行于血管的中心轴，距离中心轴 r 处血的流速为 $V = \dfrac{p_1 - p_2}{4kL}(R^2 - r^2)$，其中 k 为血液黏滞系数. 求单位时间内血管中的血流量 $Q(\mathrm{cm}^3/\mathrm{s})$.

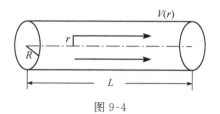

图 9-4

解 分析：考虑血管的一个半径为 R 的圆截面，采用微元法讨论 1s 内流过此截面的血流量. 用一组以极点为圆心的同心圆 $r =$ 常数，和一组从极点出发的射线 $\theta =$ 常数，将血管圆截面分成许多小区域（图 9-5）. 每个小区域的面积为 $\mathrm{d}A = r\mathrm{d}r\mathrm{d}\theta$，1s 内通过小区域的血流量为

$$V\mathrm{d}A = \frac{p_1 - p_2}{4kL}(R^2 - r^2)r\mathrm{d}r\mathrm{d}\theta.$$

1s 内通过圆截面的血流量为

$$Q = \iint\limits_{D} V\mathrm{d}A = \int_0^{2\pi} \mathrm{d}\theta \int_0^R \frac{p_1 - p_2}{4kl}(R^2 - r^2)r\mathrm{d}r\mathrm{d}\theta.$$

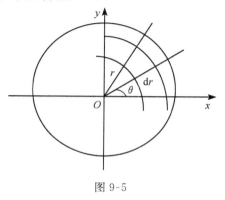

图 9-5

MATLAB 命令窗口输入

```
>>syms p1 p2 k L R r t
>>V=(p1-p2)*(R^2-r^2)/(4*k*L);
>>Q=int(int(V*r,r,0,R),t,0,2*pi)
Q =
    1/8*(-p1+p2)/k/l*R^4*pi+1/4*(p1-p2)*R^4/k/l*pi
>>Q=simplify(Q)
Q =
    1/8*(p1-p2)*R^4/k/l*pi
```

结果：单位时间内流过血管截面的血流量是 $\dfrac{\pi(p_1 - p_2)}{8kL}R^4$.

例 9-7 椭球正弦曲面是许多湖泊的湖床形状的很好的近似. 假定湖面的边界为椭圆 $\dfrac{x^2}{a^2} + \dfrac{y^2}{b^2} = 1$，若湖的最大水深为 h，则椭球正弦曲面由

$$f(x,y) = -h\cos\left(\frac{\pi}{2}\sqrt{\frac{x^2}{a^2} + \frac{y^2}{b^2}}\right).$$

其中 $\dfrac{x^2}{a^2} + \dfrac{y^2}{b^2} \leqslant 1$ 给出. 试计算湖水的总体积 V 和平均水深 h_m 及平均水深与最大水深 h 的比例.

解　分析：$D=\left\{(x,y)\mid \dfrac{x^2}{a^2}+\dfrac{y^2}{b^2}\leqslant 1\right\}$ 是湖面的椭圆形区域，则湖水总体积为

$$V=\iint\limits_{D}\mid f(x,y)\mid \mathrm{d}x\mathrm{d}y=\iint\limits_{D}h\cos\left(\frac{\pi}{2}\sqrt{\frac{x^2}{a^2}+\frac{y^2}{b^2}}\right)\mathrm{d}x\mathrm{d}y.$$

作变换 $\begin{cases}x=ar\cos t\\ y=br\sin t\end{cases}$，　$0\leqslant t\leqslant 2\pi,0\leqslant r\leqslant 1$，则

$$V=\int_{0}^{2\pi}\mathrm{d}t\int_{0}^{1}h\cos\left(\frac{\pi}{2}r\right)abr\,\mathrm{d}r.$$

MATLAB 命令窗口输入

```
>>syms r t
>>h=1.5;a=10;b=2;
>>x=a*r*cos(t);
>>y=b*r*sin(t);
>>z=-h*cos(pi/2*r);
>>ezsurf(x,y,z,[0,1,0,2*pi])
>>axis([-10,10,-3,3,-2.5,0.5])
```

椭球正弦曲面如图 9-6 所示.

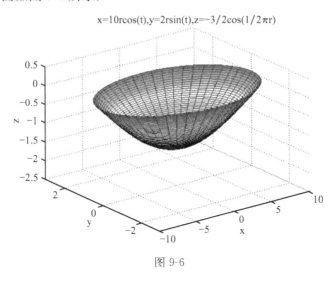

图 9-6

```
>>syms a b h r t
>>f=a*b*h*r*cos(pi*r/2);
>>v=int(int(f,r,0,1),t,0,2*pi)
v =
    4*a*b*h*(pi-2)/pi
>>hm=v/a/b/pi
hm =
    4*h*(pi-2)/pi^2
>>hbl=eval(hm/h)
```

```
hbl =
    0.4627
```

结果:湖水总体积为 $4abh\,\dfrac{\pi-2}{\pi}\approx1.4535abh$,平均水深为 $4h\,\dfrac{\pi-2}{\pi}\approx0.4627h$,平均水深占最大水深的比例是 46.27%. 通过测量 a,b,h,即可估算出所讨论的数据.

例 9-8　设球体占有闭区域 $\Omega=\{(x,y,z)\,|\,x^2+y^2+z^2\leqslant2Rz\}$,它在内部各点处的密度的大小等于该点到坐标原点的距离的平方,试求这球体的质心.

解　分析:密度为 $\rho=x^2+y^2+z^2$,由对称性知质心坐标为 $(0,0,\bar{z})$,其中

$$\bar{z}=\frac{\displaystyle\iiint_{\Omega}z\rho\mathrm{d}v}{\displaystyle\iiint_{\Omega}\rho\mathrm{d}v}.$$

步骤:(1) 作积分区域 Ω 的图形;

　　　(2) 将密度函数 ρ 用球面坐标表示;

　　　(3) 化为球面积分

$$\bar{z}=\frac{\displaystyle\iiint_{\Omega}(x^2+y^2+z^2)z\mathrm{d}v}{\displaystyle\iiint_{\Omega}(x^2+y^2+z^2)\mathrm{d}v}=\frac{\displaystyle\int_0^{2\pi}\mathrm{d}\theta\int_0^{\frac{\pi}{2}}\mathrm{d}\varphi\int_0^{2R\cos\varphi}r^5\sin\varphi\cos\varphi\mathrm{d}r}{\displaystyle\int_0^{2\pi}\mathrm{d}\theta\int_0^{\frac{\pi}{2}}\mathrm{d}\varphi\int_0^{2R\cos\varphi}r^4\sin\varphi\mathrm{d}r}.$$

MATLAB 命令窗口输入

```
>>syms r s t
>>R=2;%取 R=2 作球面图
>>x1=R*sin(s)*cos(t);
>>y1=R*sin(s)*sin(t);
>>z1=R*cos(s)+R;
>>ezsurf(x1,y1,z1,[0,pi,0,2*pi])
>>axis equal
```

积分区域如图 9-7 所示.

```
>>syms R
>>Mz=int(int(int(r^5*sin(s)*cos(s),r,0,2*R*cos(s)),s,0,pi/2),
  t,0,2*pi)
Mz =
    8/3*R^6*pi
>>M=int(int(int(r^4*sin(s),r,0,2*R*cos(s)),s,0,pi/2),t,0,2*pi)
M =
    32/15*R^5*pi
>>zM=Mz/M
zM =
    5/4*R
```

x=2sin(s)cos(t),y=2sin(s)sin(t),z=2cos(s)+2

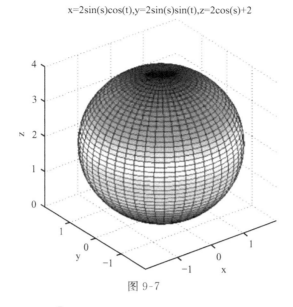

图 9-7

结果:质心坐标是 $\left(0,0,\dfrac{5}{4}R\right)$.

例 9-9　设有一颗地球同步轨道通信卫星位于地球的赤道平面内,且可近似认为是圆轨道.通信卫星距地面的高度 $h=36000\mathrm{km}$,运行角速度与地球自转的角速度相同,即人们看到它在天空不动.若地球半径为 $R=6400\mathrm{km}$,试计算该通信卫星的覆盖面积与地球表面积的比值.

解　分析:取地心为坐标原点,地心到卫星的连线为 z 轴,建立坐标系如图9-8 所示.

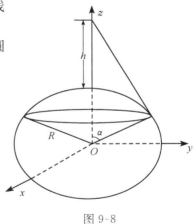

卫星覆盖的曲面 Σ 是上半球面被半顶角为 α 的圆锥面所截部分.Σ 的方程是

$$z=\sqrt{R^2-x^2-y^2},\quad x^2+y^2\leqslant R^2\sin^2\alpha.$$

圆锥面的方程是

$$z=\cot\alpha\sqrt{x^2+y^2},\quad x^2+y^2\leqslant R^2\sin^2\alpha.$$

卫星覆盖面积为

$$A=\iint\limits_{D_{xy}}\sqrt{1+z_x^2+z_y^2}\mathrm{d}x\mathrm{d}y.$$

图 9-8

其中,

$$D_{xy}=\{(x,y)\mid x^2+y^2\leqslant R^2\sin^2\alpha\},\quad \cos\alpha=\frac{R}{R+h}.$$

(1)作图形 I:地球与半顶角为 α 的圆锥面,

　　作图形 II:卫星覆盖的曲面在 xOy 平面的投影;

(2)化为极坐标积分,求 Σ 的面积

$$A = \iint\limits_{D_{xy}} \sqrt{1 + z_x^2 + z_y^2}\,\mathrm{d}x\mathrm{d}y = \int_0^{2\pi} \mathrm{d}\theta \int_0^{R\sin\alpha} F(r,\theta)r\mathrm{d}r.$$

卫星覆盖的曲面 Σ 的立体图形如图 9-9 所示.

积分区域如图 9-10 所示.

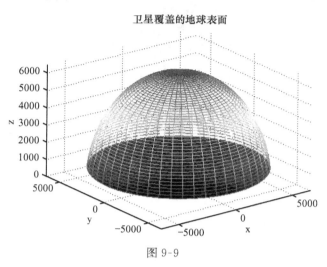

图 9-9

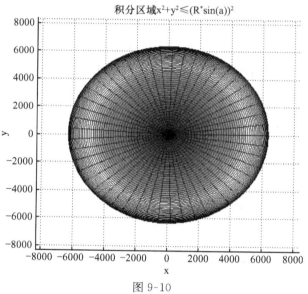

图 9-10

MATLAB 命令窗口输入

```
>>Syms x y rstb
>>R=6400;
>>h=36000;
>>a=acos(R/(R+h));
>>R1=R * sin(a);
%求卫星覆盖的面积
```

```
z=sqrt(R^2-x^2-y^2);
zx=diff(z,x);zy=diff(z,y);
f=sqrt(1+zx^2+zy^2);
ff=subs(f,{x,y},{'cos(t) * r','sin(t) * r'});
Aw=eval(int(int(ff * r,r,0,R1),t,0,2 * pi))
Aw =
    2.1851e+008
```

%求地球表面积
```
I=int(int(ff * r,r,0,b),t,0,2 * pi);
Ad=eval(2 * limit(I,b,R))
Ad =
    5.1472e+008
```

%卫星覆盖的面积与地球表面积之比
```
bA=Aw/Ad
bA =
    0.4245
```

结果:卫星覆盖面积占地球表面积的 42.45%.

9.4 实 验 任 务

1. 画出积分区域,并计算下列二重积分:

(1) $\iint\limits_D (x^2 + y^2 - x)\mathrm{d}\sigma$,其中 D 是由直线 $y = 2, y = x$ 及 $y = 2x$ 所围成的闭区域;

(2) $\iint\limits_D \dfrac{\sin x}{x}\mathrm{d}\sigma$,其中是 D 由 $y = x$ 及 $y = x^2$ 所围成的闭区域;

(3) $\iint\limits_D \arctan\dfrac{y}{x}\mathrm{d}\sigma$,其中 D 是由圆周 $x^2 + y^2 = 4, x^2 + y^2 = 1$ 及直线 $y = 0, y = x$ 所围成的在第一象限内的闭区域;

(4) $\iint\limits_D \sqrt{R^2 - x^2 - y^2}\mathrm{d}\sigma$,其中 D 为 $x^2 + y^2 = Rx$ 所围成的区域.

2. 计算下列三重积分:

(1) $\iiint\limits_\Omega \dfrac{\mathrm{d}v}{(1 + x + y + z)^3}$,其中 Ω 为平面 $x = 0, y = 0, z = 0$ 及 $x + y + z = 1$ 所围成的四面体(采用直角坐标求解);

(2) $\iiint\limits_\Omega (x^2 + y^2)\mathrm{d}v$,其中 Ω 是由曲面 $x^2 + y^2 = 2z$ 及平面 $z = 2$ 所围成的闭区域(采用柱面坐标求解);

(3) $\iiint\limits_\Omega \sqrt{x^2 + y^2 + z^2}\mathrm{d}v$,其中 Ω 为 $x^2 + y^2 + (z - 1)^2 \leqslant 1$ 所确定的区域(采用球面坐标求解).

3. 如图 9-11 所示,地球上平行于赤道的线称为纬线,两条纬线之间的区域叫环带. 假定地球是球形的.

（1）绘制地球环带的图形；

（2）求任一环带的面积,并观察所得结果,写出环带特征.

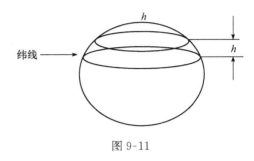

图 9-11

4. 设在海湾中,海潮的高潮与低潮之间的差是 2m. 一个小岛的陆地高度 $z = 30\left(1 - \dfrac{x^2 + y^2}{10^6}\right)$m,并设水平面 $z = 0$ 对应于低潮的位置.

（1）画小岛陆地图；

（2）求高潮与低潮时小岛露出水面的面积之比.

5. 某仪器上有一只圆柱形的无盖水桶,桶高 6cm,半径为 1cm,在桶壁上钻有两个小孔用于安装支架,使水桶可以自由倾斜,两个小孔距桶底 2cm,且两孔连线恰为直径,水可以从两个小孔向外流出. 当水桶以不同角度倾斜放置且没有水漏出时,这只水桶最多可装多少水？

实验 10　曲线积分与曲面积分

10.1　实 验 目 的

(1) 学习用软件计算曲线积分.

(2) 学习用软件计算曲面积分.

(3) 学习用软件解决曲线积分和曲面积分的应用问题.

10.2　预 备 知 识

10.2.1　曲线积分

1. 对弧长的曲线积分

若曲线弧 $L\begin{cases}x=x(t)\\y=y(t)\end{cases}(\alpha\leqslant x\leqslant\beta,\alpha<\beta)$，则对弧长的曲线积分

$$\int_L f(x,y)\mathrm{d}s=\int_\alpha^\beta f[x(t),y(t)]\sqrt{x'^2(t)+y'^2(t)}\mathrm{d}t.$$

若空间曲线弧 $\Gamma\begin{cases}x=x(t)\\y=y(t)\\z=z(t)\end{cases}(\alpha\leqslant t\leqslant\beta,\alpha<\beta)$，则对弧长的曲线积分

$$\int_L f(x,y,z)\mathrm{d}s=\int_\alpha^\beta f[x(t),y(t),z(t)]\sqrt{x'^2(t)+y'^2(t)+z'^2(t)}\mathrm{d}t.$$

2. 对坐标的曲线积分

若 L 是二维有向曲线 $\begin{cases}x=x(t)\\y=y(t)\end{cases},t:\alpha\to\beta$，则对坐标的曲线积分

$$\int_L P(x,y)\mathrm{d}x+Q(x,y)\mathrm{d}y=\int_\alpha^\beta\{P[x(t),y(t)]x'(t)+Q[x(t),y(t)]y'(t)\}\mathrm{d}t.$$

若 Γ 是三维有向曲线 $\begin{cases}x=x(t)\\y=y(t)\\z=z(t)\end{cases},t:\alpha\to\beta$，则对坐标的曲线积分

$$\int_\Gamma P(x,y,z)\mathrm{d}x+Q(x,y,z)\mathrm{d}y+R(x,y,z)\mathrm{d}z$$

$$= \int_\alpha^\beta \{ P[x(t),y(t),z(t)]x'(t) + Q[x(t),y(t),z(t)]y'(t)$$
$$+ R[x(t),y(t),z(t)]z'(t) \} \mathrm{d}t.$$

10.2.2 格林公式

设闭区域 D 由分段光滑的曲线 L 围成，函数 $P(x,y)$ 及 $Q(x,y)$ 在 D 上具有一阶连续偏导数，则有

$$\iint\limits_D \left(\frac{\partial Q}{\partial x} - \frac{\partial P}{\partial y} \right) \mathrm{d}x\mathrm{d}y = \oint_L P\,\mathrm{d}x + Q\mathrm{d}y,$$

其中 L 是 D 的取正向的边界曲线.

10.2.3 曲面积分

1. 对面积的曲面积分

若曲面 Σ 的方程为：$z=z(x,y)$，则对面积的曲面积分

$$\iint\limits_\Sigma f(x,y,z)\mathrm{d}s = \iint\limits_{D_{xy}} f[x,y,z(x,y)]\sqrt{1 + z_x'^2(x,y) + z_y'^2(x,y)}\,\mathrm{d}x\mathrm{d}y,$$

其中区域 D_{xy} 是 Σ 在 xOy 面上的投影.

2. 对坐标的曲面积分

$$\iint\limits_\Sigma P(x,y,z)\mathrm{d}y\mathrm{d}z + Q(x,y,z)\mathrm{d}z\mathrm{d}x + R(x,y,z)\mathrm{d}x\mathrm{d}y,$$

其中 Σ 为有向曲面. 将其化为二重积分

$$\iint\limits_\Sigma R(x,y,z)\mathrm{d}x\mathrm{d}y = \pm \iint\limits_{D_{xy}} R[x,y,z(x,y)]\mathrm{d}x\mathrm{d}y,$$

$$\iint\limits_\Sigma P(x,y,z)\mathrm{d}y\mathrm{d}z = \pm \iint\limits_{D_{yz}} P[x(y,z),y,z]\mathrm{d}y\mathrm{d}z,$$

$$\iint\limits_\Sigma Q(x,y,z)\mathrm{d}z\mathrm{d}x = \pm \iint\limits_{D_{zx}} Q[x,y(x,z),z]\mathrm{d}z\mathrm{d}x.$$

10.2.4 高斯公式

设空间闭区域 Ω 是由分片光滑的闭曲面 Σ 所围成，函数 $P(x,y,z)$，$Q(x,y,z)$，$R(x,y,z)$ 在 Ω 上具有一阶连续偏导数，则有高斯公式

$$\iiint\limits_\Omega \left(\frac{\partial P}{\partial x} + \frac{\partial Q}{\partial y} + \frac{\partial R}{\partial z} \right) \mathrm{d}v = \oiint\limits_\Sigma p\,\mathrm{d}y\mathrm{d}z + Q\mathrm{d}z\mathrm{d}x + R\mathrm{d}x\mathrm{d}y.$$

其中，Σ 是 Ω 的整个边界曲面的外侧.

10.3 实 验 内 容

10.3.1 曲线积分

例 10-1 计算 $\int_{\widehat{AB}} xy\mathrm{d}s$,其中$\widehat{AB}$ 为 $x^2 + y^2 = a^2$ 中的一段弧(图 10-1).

解 方法一 选 x 为参数,则$\widehat{AB}$有参数方程$y = \sqrt{a^2 - x^2}$,

$$I = \int_{\widehat{AB}} xy\mathrm{d}s = \int_0^{\frac{a}{2}} xy(x)\sqrt{1 + y'(x)^2}\,\mathrm{d}x.$$

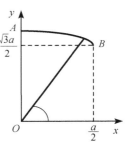

图 10-1

MATLAB 命令窗口输入

```
>>syms a x
>>y=sqrt(a^2-x^2);
>>I=int(x * y * sqrt(1+diff(y)^2),x,0,a/2)
I =
    1/8 * a^2 * (a^2)^(1/2)
>>I=simple(I)
I =
    1/8 * a^3
```

方法二 选 y 为参数,则$\widehat{AB}$有参数方程$x = \sqrt{a^2 - y^2}$,

$$I = \int_{\widehat{AB}} xy\mathrm{d}s = \int_{\sqrt{3}a/2}^{a} x(y)y\sqrt{x'^2(y) + 1}\,\mathrm{d}y.$$

MATLAB 命令窗口输入

```
>>syms a y
>>x=sqrt(a^2-y^2);
>>I=int(x * y * sqrt(diff(x)^2+1),y,sqrt(3)/2 * a,a)
I =
    1/2 * a^3-3/8 * a^2 * (a^2)^(1/2)
>>I=simple(I)
I =
    1/8 * a^3
```

方法三 选 t 为参数,则有参数方程$\begin{cases} x = a\cos t, \\ y = a\sin t \end{cases}\left(\arctan\dfrac{\sqrt{3}a/2}{a/2} \leqslant t \leqslant \dfrac{\pi}{2}\right)$

$$I = \int_{\widehat{AB}} xy\mathrm{d}s = \int_{\arctan\sqrt{3}}^{\pi/2} x(t)y(t)\sqrt{x'^2(t) + y'^2(t)}\,\mathrm{d}t.$$

MATLAB 命令窗口输入

```
>>syms t a
```

```
>>x=a * cos(t);
>>y=a * sin(t);
>>I=int(x * y * sqrt(diff(x)^2+diff(y)^2),t,atan(sqrt(3)),pi/2)
I =
    1/8 * a^2 * (a^2)^(1/2)
>>I=simple(I)
I =
    1/8 * a^3
```

结果：$\int\limits_{\widehat{AB}} xy\mathrm{d}s = \dfrac{1}{8}a^3$.

例 10-2 计算 $\int_\Gamma x^3\mathrm{d}x + 3zy^2\mathrm{d}y - x^2y\mathrm{d}z$，其中 Γ 是从点 $A(3,2,1)$ 到点 $B(0,0,0)$ 的直线段 $\overline{AB}$.

解 直线段 $\overline{AB}$ 的方程是 $\dfrac{x}{3} = \dfrac{y}{2} = \dfrac{z}{1}$，化为参数方程 $\begin{cases} x=3t \\ y=2t, t:1\to0. \\ z=t \end{cases}$

$$\int_\Gamma x^3\mathrm{d}x + 3zy^2\mathrm{d}y - x^2y\mathrm{d}z$$
$$= \int_0^1 \left[x^3(t)x'(t) + 3z(t)y^2(t)y'(t) - x^2(t)y(t)z'(t) \right]\mathrm{d}t.$$

MATLAB 命令窗口输入

```
>>syms t
>>x=3 * t;y=2 * t;z=t;
>>I=int(x^3 * diff(x)+3 * z * y^2 * diff(y)-x^2 * y * diff(z),t,1,0)
I =
    -87/4
```

结果：$\int_\Gamma x^3\mathrm{d}x + 3zy^2\mathrm{d}y - x^2y\mathrm{d}z = -\dfrac{87}{4}$.

例 10-3 计算曲线积分 $\oint\limits_L (2xy - x^2)\mathrm{d}x + (x + y^2)\mathrm{d}y$，其中 L 是由抛物线 $y=x^2$ 和 $y^2=x$ 所围成的区域的正向边界曲线.

解 步骤：
(1) 曲线 $L_1: y=x^2$ 与 $L_2: y^2=x$ 的交点是 $(0,0),(1,1)$；
(2) 作 L_1, L_2 所围的区域的图形；
(3) 观察图形，确定积分上下限.

积分方法一 由曲线积分计算

$$\oint_L = \int_{L_1} + \int_{L_2}.$$

作变换 $x=t, y=t^2$，得

$$\int_{L_1} = \int_0^1 \{[2x(t)y(t) - x^2(t)] + [x(t) + y^2(t)]y'(t)\}\mathrm{d}t.$$

作变换 $x = t^2, y = t$，得

$$\int_{L_2} = \int_1^0 \{[2x(t)y(t) - x^2(t)]x'(t) + [x(t) + y^2(t)]\}\mathrm{d}t.$$

积分方法二　由格林公式计算

$$P = 2xy - x^2, \quad Q = x + y^2.$$

$$\oint_L = \iint_D \left(\frac{\partial Q}{\partial x} - \frac{\partial P}{\partial y}\right)\mathrm{d}x\mathrm{d}y = \int_0^1 \mathrm{d}x \int_{x^2}^{\sqrt{x}} \left(\frac{\partial Q}{\partial x} - \frac{\partial P}{\partial y}\right)\mathrm{d}y.$$

MATLAB 命令窗口输入

```
>>x=0:0.01:1;
>>plot(x,sqrt(x),x,x.^2)
>>fill([x,x],[sqrt(x),x.^2],'g')        %填色
>>text(0.65,0.4,'L_{1}:y=x^2')
>>text(0.35,0.7,'L_{2}:y=x^{1/2}')
>>xlabel('x'),ylabel('y')
>>title('y=x^{1/2}及y=x^2 所围区域')
```

图形如图 10-2 所示.

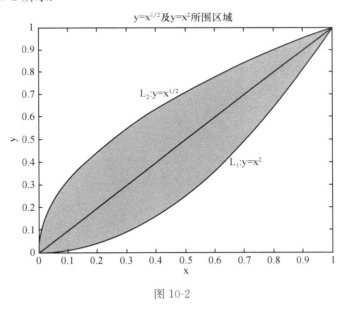

图 10-2

```
>>syms t
>>x=t;y=t^2;
>>I1=int(2*x*y-x^2+(x+y^2)*diff(y),t,0,1)
I1 =
    7/6
```

```
>>y=t;x=t^2;
>>I2=int((2*x*y-x^2)*diff(x)+x+y^2,t,1,0)
I2 =
    -17/15
>>I=I1+I2
I =
    1/30
>>syms x y
>>P=2*x*y-x^2;
>>Q=x+y^2;
>>I=int(int(diff(Q,x)-diff(P,y),y,x^2,sqrt(x)),x,0,1)
I =
    1/30
```

结果：$\oint_L (2xy - x^2)\mathrm{d}x + (x + y^2)\mathrm{d}y = \dfrac{1}{30}$.

10.3.2 曲面积分

例 10-4 计算曲面积分 $\iint\limits_{\Sigma}(xy + yz + zx)\mathrm{d}s$，其中 Σ 为锥面 $z = \sqrt{x^2 + y^2}$ 被曲面 $x^2 + y^2 = 2ax$ 所截得的部分.

解 步骤：

（1）由 Σ 的参数方程 $\begin{cases} x = r\cos t + a, \\ y = r\sin t, \\ z = \sqrt{r^2 + 2ar\cos t + a^2} \end{cases}$ $(0 \leqslant t \leqslant 2\pi)$ 作曲面 Σ 的图形和 Σ 在 xOy 平面的投影区域 Dxy 的图形；

（2）建立直角坐标系下的被积函数 $F(x, y) = (xy + yz + zx)\sqrt{1 + z_x'^2 + z_y'^2}$；

（3）将 $F(x, y)$ 作极坐标变换 $x = r\cos t, y = r\sin t$；

（4）将曲面积分化为对变量 r, t 的二次积分 $\iint\limits_{\Sigma}(xy + yz + zx)\mathrm{d}s = \int_{-\pi/2}^{\pi/2}\mathrm{d}t\int_0^{2a\cos t}F(r, t)r\mathrm{d}r$；

（5）化简积分结果.

MATLAB 命令窗口输入

```
>>syms r t
>>a=2;          %取 a=2 作图
>>x=r*cos(t)+a;
>>y=r*sin(t);
>>z=sqrt(r^2+2*a*r*cos(t)+a^2);
>>subplot(1,2,1)
>>ezmesh(x,y,z,[0,a,0,2*pi])
>>title('积分曲面')
```

```
>>subplot(1,2,2)
>>ezmesh(x,y,z,[0,a,0,2*pi])
>>view(0,90)
>>axis equal
>>title('积分区域 x^2+y^2<2ax')
```

图形如图 10-3 所示.

```
>>syms a x y z
>>z=sqrt(x^2+y^2);
>>f=sqrt(1+diff(z,x)^2+diff(z,y)^2);
>>F=(x*y+y*z+z*x)*f;
>>F=subs(F,{x,y},{'cos(t)*r','sin(t)*r'});
>>I=int(int(F*r,r,0,2*a*cos(t)),t,-pi/2,pi/2)
I =
    64/15*a^3*2^(1/2)*(a^2)^(1/2)
>>I=simple(I)
I =
    64/15*a^4*2^(1/2)
```

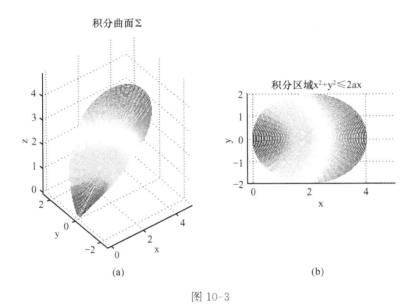

积分曲面Σ

(a)　　　　　　　　　　　　(b)

图 10-3

结果：$\iint\limits_{\Sigma}(xy+yz+zx)\mathrm{d}s = \dfrac{64}{15}\sqrt{2}a^4$.

例 10-5　计算 $\iint\limits_{\Sigma}xz^2\mathrm{d}y\mathrm{d}z+(x^2y-z^3)\mathrm{d}z\mathrm{d}x+(2xy+y^2z)\mathrm{d}x\mathrm{d}y$，其中 Σ 是上半球面 $z=\sqrt{a^2-x^2-y^2}$ 的上侧.

解　步骤：

（1）作上半球面 Σ 的图形及其在三个坐标平面的投影图形；

（2）计算

$$I_1 = \iint\limits_{\Sigma} xz^2 \mathrm{d}y\mathrm{d}z$$

$$= \iint\limits_{D_{yz}} z^2 \sqrt{a^2-y^2-z^2}\,\mathrm{d}y\mathrm{d}z - \iint\limits_{D_{yz}} -z^2 \sqrt{a^2-y^2-z^2}\,\mathrm{d}y\mathrm{d}z$$

$$= 2\iint\limits_{D_{yz}} z^2 \sqrt{a^2-y^2-z^2}\,\mathrm{d}y\mathrm{d}z$$

$$\xrightarrow[\ z=r\sin t\ ]{\ y=r\cos t\ } 2\int_0^\pi \mathrm{d}t \int_0^a f_1(r,t) r\mathrm{d}r,$$

$$I_2 = \iint\limits_{\Sigma} x^2 y - z^3 \mathrm{d}z\mathrm{d}x$$

$$= \iint\limits_{D_{zx}} x^2 \sqrt{a^2-x^2-z^2}\,\mathrm{d}x\mathrm{d}z - \iint\limits_{D_{zx}} (-x^2 \sqrt{a^2-x^2-z^2})\,\mathrm{d}x\mathrm{d}z$$

$$= 2\iint\limits_{D_{zx}} x^2 \sqrt{a^2-x^2-z^2}\,\mathrm{d}x\mathrm{d}z = I_1,$$

$$I_3 = \iint\limits_{\Sigma} (2xy - y^2 z)\mathrm{d}x\mathrm{d}y$$

$$= \iint\limits_{D_{xy}} (2xy + y^2 \sqrt{a^2-x^2-y^2})\mathrm{d}x\mathrm{d}y$$

$$\xrightarrow[\ y=r\sin t\ ]{\ x=r\cos t\ } \int_0^{2\pi} \mathrm{d}t \int_0^a f_3(r,t) r\mathrm{d}r,$$

$$I = I_1 + I_2 + I_3.$$

MATLAB 命令窗口输入

```
>>syms s t
>>a=2;        %取 a=2 作图
>>x=a*sin(s)*cos(t);
>>y=a*sin(s)*sin(t);
>>z=a*cos(s);
>>subplot(2,2,1)
>>ezmesh(x,y,z,[0,pi/2,0,2*pi])
>>view(-35,-15)
>>axis equal
>>subplot(2,2,2)
>>ezmesh(x,y,z,[0,pi/2,0,2*pi])
>>view(90,0)
>>axis equal
>>title('上半球面在 yOz 平面的投影')
```

```
>>subplot(2,2,3)
>>ezmesh(x,y,z,[0,pi/2,0,2*pi])
>>view(180,0)
>>axis equal
>>title('上半球面在 xOz 平面的投影')
>>subplot(2,2,4)
>>ezmesh(x,y,z,[0,pi/2,0,2*pi])
>>view(0,90)
>>title('上半球面在 xOy 平面的投影')
```
图形如图 10-4 所示.

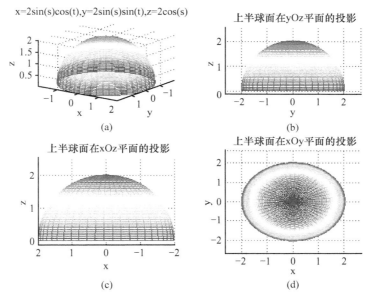

图 10-4

```
>>syms a r
>>y=r*cos(t);z=r*sin(t);
>>f1=simple(z^2*sqrt(a^2-y^2-z^2)*r);
>>I1=2*int(int(f1,r,0,a),t,0,pi)
I1 =
    2/15*pi*a^2*(a^2)^(3/2)
>>I2=I1
I2 =
    2/15*pi*a^2*(a^2)^(3/2)
>>x=r*cos(t);y=r*sin(t);
>>f3= simple(2*x*y+y^2*sqrt(a^2-x^2-y^2)*r);
>>I3=int(int(f3,r,0,a),t,0,2*pi)
```

```
I3 =
    2/15 * pi * a^2 * (a^2)^(3/2)
>>I=simple(I1+I2+I3)
I =
    2/5 * pi * a^5
```

结果：$\displaystyle\iint\limits_{\Sigma} xz^2\mathrm{d}y\mathrm{d}z + (x^2y-z^3)\mathrm{d}z\mathrm{d}x + (2xy+y^2z)\mathrm{d}x\mathrm{d}y = \dfrac{2}{5}\pi a^5$.

例 10-6　用高斯公式计算例 10-5.

解　分析：积分曲面 Σ 不是封闭曲面，添加平面 $\Sigma_1: z=0$，使其构成封闭曲面 $\Sigma+\Sigma_1$.

解题步骤：

（1）作封闭曲面 $\Sigma+\Sigma_1$；

（2）计算 $\Sigma+\Sigma_1$ 上的曲面积，令

$$P = xz^2,\quad Q = x^2y-z^3,\quad R = 2xy+y^2z,$$

$$I_1 = \oiint\limits_{\Sigma+\Sigma_1} xz^2\mathrm{d}y\mathrm{d}z + (x^2y-z^3)\mathrm{d}z\mathrm{d}x + (2xy+y^2z)\mathrm{d}x\mathrm{d}y$$

$$= \iiint\limits_{\Omega}\Big(\frac{\partial P}{\partial x}+\frac{\partial Q}{\partial y}+\frac{\partial R}{\partial z}\Big)\mathrm{d}v$$

$$\underset{\text{球面坐标变换}}{=\!=\!=\!=\!=\!=} \int_0^{2\pi}\mathrm{d}t\int_0^{\pi/2}\mathrm{d}s\int_0^a F(r,s,t)r^2\sin(s)\mathrm{d}r.$$

（3）计算 Σ_1 上的曲面积分

$$\iint\limits_{\Sigma_1} xz^2\mathrm{d}y\mathrm{d}z = 0,\quad \iint\limits_{\Sigma_1}(x^2y-z^3)\mathrm{d}z\mathrm{d}x = 0,$$

$$I_2 = \iint\limits_{\Sigma_1}(2xy+y^2z)\mathrm{d}x\mathrm{d}y = -\iint\limits_{D_{xy}} 2xy\mathrm{d}x\mathrm{d}y = \int_{-a}^{a}\mathrm{d}x\int_{-\sqrt{a^2-x^2}}^{\sqrt{a^2-x^2}}(-2xy)\mathrm{d}y.$$

（4）$I = \displaystyle\iint\limits_{\Sigma} = \iint\limits_{\Sigma+\Sigma_1} - \iint\limits_{\Sigma_1} = I_1 - I_2.$

MATLAB 命令窗口输入

```
>>syms x y
>>a=2;
>>z1=sqrt(a^2-x^2-y^2);
>>z2=0 * x * y;
>>ezsurf(z2,[-a/sqrt(2),a/sqrt(2)],'circ')
>>hold on
>>ezsurf(z1,[-a/sqrt(2),a/sqrt(2)],'circ')
>>hold off
>>view(-35,-35)
>>colormap(hsv)    %图形颜色设置为两端红色的饱和值色
>>text(-0.8,1,2,'\Sigma')
```

```
>>text(-1.8,1.5,0,'\Sigma_{1}\rightarrow')
>>axis([-2,2,-2,2,0,2])
```
图形如图 10-5 所示.

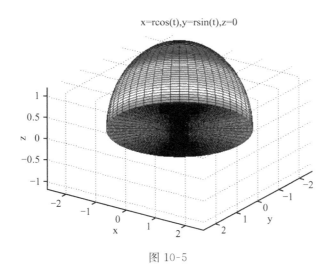

x=rcos(t),y=rsin(t),z=0

图 10-5

```
>>syms a z r s t
>>P=x*z^2;Q=x^2*y-z^3;R=2*x*y+y^2*z;
>>f=diff(P,x)+diff(Q,y)+diff(R,z);
>>f=subs(f,{x,y,z},{'sin(s)*cos(t)*r','sin(s)*sin(t)*r','cos(s)*r'});
>>I1=int(int(int(f*r^2*sin(s),r,0,a),s,0,pi/2),t,0,2*pi)
I1 =
    2/5*a^5*pi
>>I2=int(int(2*x*y,y,-sqrt(a^2-x^2),sqrt(a^2-x^2)),x,-a,a)
I2 =
    0
>>I=I1-I2
I =
    2/5*a^5*pi
```

结果: $\iint\limits_{\Sigma} xz^2 dydz + (x^2y - z^3)dzdx + (2xy + y^2z)dxdy = \dfrac{2}{5}\pi a^5$.

10.3.3　综合应用

例 10-7　设有一平面电场,它是位于原点 O 的正电荷 q 产生的,另有一单位正电荷沿椭圆 $\dfrac{x^2}{a^2} + \dfrac{y^2}{b^2} = 1$ 在第一象限部分从 $A(a,0)$ 移动到 $B(0,b)$,求电场力对这个单位正电荷所做的功.

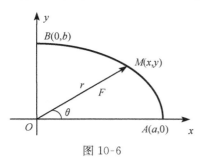

图 10-6

解 分析:如图 10-6 所示,设电场力 $\boldsymbol{F}=\boldsymbol{F}(x,y)$,

$|\boldsymbol{F}|=\dfrac{kq}{x^2+y^2}$($k$ 为常数).

$\boldsymbol{F}$ 在 x 轴上的投影为

$$P(x,y)=|\boldsymbol{F}|\cos\theta=\frac{kqx}{(x^2+y^2)^{3/2}}.$$

$\boldsymbol{F}$ 在 y 轴上的投影为

$$Q(x,y)=|\boldsymbol{F}|\sin\theta=\frac{kqy}{(x^2+y^2)^{3/2}},$$

$$\boldsymbol{F}=P\boldsymbol{i}+Q\boldsymbol{j}=\frac{kq}{(x^2+y^2)^{3/2}}(x\boldsymbol{i}+y\boldsymbol{j}),$$

即

$$\boldsymbol{F}=\{P(x,y),Q(x,i)\},\quad \mathrm{d}\boldsymbol{s}=\{\mathrm{d}x,\mathrm{d}y\}.$$

于是 $\boldsymbol{F}$ 对单位正电荷所做的功为

$$W=\int_{AB}\boldsymbol{F}\cdot\mathrm{d}\boldsymbol{s}=\int_{AB}P\mathrm{d}x+Q\mathrm{d}y=kq\int_{AB}\frac{x\,\mathrm{d}x+y\,\mathrm{d}y}{(x^2+y^2)^{3/2}}.$$

作变换 $\begin{cases}x=a\cos t\\ y=b\sin t\end{cases}\left(0\leqslant t\leqslant\dfrac{\pi}{2}\right)$ 代入上式积分.

MATLAB 命令窗口输入

```
>>syms a b c t k q
>>x=a*cos(t);
>>y=b*sin(t);
>>F=k*q/(x^2+y^2)^(3/2)*[x y];
>>sd=diff([x;y],t);
>>W=int(F*sd,t,0,c);
>>W=limit(W,c,pi/2)
W =
    (-(a^2)^(1/2)+(b^2)^(1/2))/(b^2)^(1/2)*k*q/(a^2)^(1/2)
>>W=simple(W)
W =
    -(a-b)*k*q/b/a
```

结果:电场力对这个单位正电荷所做的功是 $kq\left(\dfrac{1}{a}-\dfrac{1}{b}\right)$.

例 10-8 计算矢量 $v=x^2\boldsymbol{i}+y^2\boldsymbol{j}+z^2\boldsymbol{k}$,穿过锥面 $\Sigma:x^2+y^2=z^2(0\leqslant z\leqslant h)$ 的通量,Σ 的方向是外法线方向.

解 方法一 利用对面积的曲面积分求通量

矢量

$$v=\{x^2,y^2,z^2\}.$$

设 $F(x,y,z)=x^2+y^2-z^2$，则锥面的外法线方向向量为

$$\left\{\frac{\partial F}{\partial x},\frac{\partial F}{\partial y},\frac{\partial F}{\partial z}\right\}=\{2x,2y,-2z\},$$

其单位向量是

$$\boldsymbol{n}=\left\{\frac{x}{\sqrt{x^2+y^2+z^2}},\frac{y}{\sqrt{x^2+y^2+z^2}},-\frac{z}{\sqrt{x^2+y^2+z^2}}\right\}.$$

于是通量

$$\phi=\iint\limits_{\Sigma}v\cdot\mathrm{d}\boldsymbol{s}=\iint\limits_{\Sigma}v\cdot\boldsymbol{n}\mathrm{d}s=\iint\limits_{x^2+y^2\leqslant h^2}v\cdot\boldsymbol{n}\sqrt{1+z_x^2+z_y^2}\mathrm{d}x\mathrm{d}y$$

$$\xlongequal[y=r\sin\theta]{x=r\cos\theta}\int_0^{2\pi}\mathrm{d}\theta\int_0^h F(r,\theta)r\mathrm{d}r.$$

方法二　利用对坐标的曲面积分求通量

$$\phi=\iint\limits_{\Sigma}v\cdot\mathrm{d}\boldsymbol{s}=\iint\limits_{\Sigma}P\mathrm{d}y\mathrm{d}z+Q\mathrm{d}z\mathrm{d}x+R\mathrm{d}x\mathrm{d}y,$$

其中

$$P(x,y,z)=x^2,\quad Q(x,y,z)=y^2,\quad R(x,y,z)=z^2.$$

由锥面方程 $z^2=x^2+y^2$ 得

$$\iint\limits_{\Sigma}P\mathrm{d}y\mathrm{d}z=\iint\limits_{D_{yz}}(z^2-y^2)\mathrm{d}y\mathrm{d}z-\iint\limits_{D_{yz}}(z^2-y^2)\mathrm{d}y\mathrm{d}z=0,$$

同理

$$\iint\limits_{\Sigma}Q\mathrm{d}z\mathrm{d}x=0.$$

$$\iint\limits_{\Sigma}R\mathrm{d}x\mathrm{d}y=-\iint\limits_{D_{xy}}z^2\mathrm{d}x\mathrm{d}y=-\iint\limits_{D_{xy}}(x^2+y^2)\mathrm{d}x\mathrm{d}y\xlongequal[y=r\sin\theta]{x=r\cos\theta}-\int_0^{2\pi}\mathrm{d}\theta\int_0^h f(r,\theta)r\mathrm{d}r.$$

通量

$$\phi=\iint\limits_{\Sigma}R\mathrm{d}x\mathrm{d}y=-\int_0^{2\pi}\mathrm{d}\theta\int_0^h f(r,\theta)r\mathrm{d}r.$$

MATLAB 命令窗口输入

```
>>%作锥面图和锥面在 xoy 面的投影图
>>syms x y
>>h=2;        %取 h=2 作图
>>z=sqrt(x^2+y^2);
>>subplot(1,2,1)
>>ezmesh(z,[-h/sqrt(2),h/sqrt(2)],'circ')
>>subplot(1,2,2)
```

```
>>ezmesh(z,[-h/sqrt(2),h/sqrt(2)],'circ')
>>view(0,90)
>>axis equal
```
图形如图 10-7 所示.

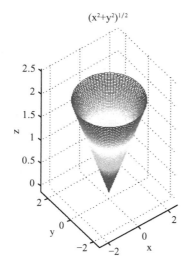
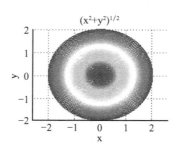

图 10-7

```
>>%对面积的曲面积分计算通量
>>syms z h r t
>>v=[x^2 y^2 z^2];
>>F=x^2+y^2-z^2;
>>F1=[diff(F,x);diff(F,y);diff(F,z)];
>>n=F1/sqrt(F1(1)^2+F1(2)^2+F1(3)^2);
>>z=sqrt(x^2+y^2);
>>sd=sqrt(1+diff(z,x)^2+diff(z,y)^2);
>>f=v*n*sd;
>>f=subs(f,'z','sqrt(x^2+y^2)');
>>f=subs(f,{x,y},{r*cos(t),r*sin(t)});
>>I=int(int(f*r,r,0,h),t,0,2*pi)
I =
   -1/2*h^4*pi
>>%对坐标的曲面积分计算通量
>>R=z^2;
>>R=subs(R,z,'sqrt(x^2+y^2)');
>>R=subs(R,{x,y},{'cos(t)*r','sin(t)*r'});
>>I=-int(int(R*r,r,0,h),t,0,2*pi)
I =
   -1/2*h^4*pi
```

结果:矢量 $v = x^2\boldsymbol{i} + y^2\boldsymbol{j} + z^2\boldsymbol{k}$ 穿过锥面 Σ: $x^2 + y^2 = z^2(0 \leqslant z \leqslant h)$ 的通量是 $\dfrac{1}{2}h^4\pi$.

10.4　实验任务

1. 绘制下列曲线的图形,并计算曲线积分:

(1) $\displaystyle\int_L y^2 \mathrm{d}s$,其中 L 为摆线 $x = a(t - \sin t)$, $y = a(1 - \cos t)(0 \leqslant t \leqslant 2\pi)$.

(2) $\displaystyle\oint_L \mathrm{e}^{\sqrt{x^2+y^2}} \mathrm{d}s$,其中 L 为圆周 $x^2 + y^2 = a^2$,直线 $y = x$ 及 Ox 轴在第一象限内所围成的扇形的整个边界.

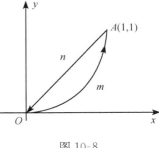

(3) $\displaystyle\oint_{OmAnO} \arctan\frac{y}{x}\mathrm{d}y - \mathrm{d}x$,其中 OmA 为抛物线 $y = x^2$ 的一段,AnO 为直线 $y = x$ 的一段(图 10-8).

(4) $\displaystyle\oint_L \frac{y\mathrm{d}x - x\mathrm{d}y}{2(x^2 + y^2)}$,其中 L 为圆周 $(x-1)^2 + y^2 = 2$,逆时针方向.

图 10-8

(5) 计算 $\displaystyle\oint_L (y^2 + z^2)\mathrm{d}x + (z^2 + x^2)\mathrm{d}y + (x^2 + y^2)\mathrm{d}z$,其中 L 为

$$\begin{cases} x^2 + y^2 + z^2 = 2Rz \\ x^2 + y^2 = 2ax \end{cases}, \quad 0 < a < R, z > 0.$$

并且 L 按如此的方向进行:使它在球的外表面上所围小区域 S 在其左方.

2. 绘制下列曲面的图形,并计算曲面积分.

(1) $\displaystyle\iint_\Sigma (2xy - 2x^2 - x + z)\mathrm{d}s$,其中 Σ 为平面 $2x + 2y + z = 6$ 在第一卦限中的部分.

(2) $\displaystyle\iint_\Sigma x^2 y^2 z \mathrm{d}x\mathrm{d}y$,其中 Σ 是球面 $x^2 + y^2 + z^2 = R^2$ 的下半部分的下侧.

(3) $\displaystyle\iint_\Sigma x\mathrm{d}y\mathrm{d}z + y\mathrm{d}z\mathrm{d}x + z\mathrm{d}x\mathrm{d}y$,其中 Σ 是介于 $z = 0$ 和 $z = 3$ 之间的圆柱体 $x^2 + y^2 \leqslant 9$ 的整个表面的外侧.

(4) $\displaystyle\iint_\Sigma y^2 z\mathrm{d}x\mathrm{d}y + xz\mathrm{d}y\mathrm{d}z + x^2 y\mathrm{d}z\mathrm{d}x$,其中 Σ 是旋转抛物面 $z = x^2 + y^2$ 的外侧($0 \leqslant z \leqslant 1$).

(5) $\displaystyle\oiint_\Sigma \frac{\mathrm{e}^z}{\sqrt{x^2 + y^2}}\mathrm{d}x\mathrm{d}y$,其中 Σ 为锥面 $z = \sqrt{x^2 + y^2}$ 和 $z = 1$, $z = 2$ 所围立体的整个表面的外侧.

3. 计算一颗珠子沿连接平面上两点的细丝无摩擦地滚动所需的时间,并讨论得到的结果.

(1) 计算沿直线从 $(0,0)$ 点滚落到 $(\pi, 2)$ 点所用的时间,计算从 $(\pi/2, 1)$ 点滚落到 $(\pi, 2)$ 点所用的时间.珠子正好从半路滚落,是否用了一半的时间?

(2) 计算沿抛物线

$$y = \frac{2}{\pi^2} x(2\pi - x)$$

上不同点滚落所需的时间.

（3）计算沿摆线

$$\begin{cases} x = \varphi - \sin\varphi, \\ y = 1 - \cos\varphi, \end{cases} \quad \varphi \in [0, 2\pi].$$

上不同点滚落到点$(\pi, 2)$所需的时间.

4. 若悬链线 $y = \frac{a}{2}(e^{\frac{x}{a}} + e^{-\frac{x}{a}})$ 上每一点的密度与该点的纵坐标成反比，且在点$(0, a)$的密度等于ρ，试求曲线在横坐标 $x_1 = 0$ 及 $x_2 = a$ 间一段的质量$(a > 0)$.

5. 在椭圆 $x = a\cos t, y = b\sin t$ 上每一点 $M(x, y)$ 有作用力 $\boldsymbol{F}(x, y)$，其大小等于到椭圆中心$(0, 0)$的距离，方向指向中心.

（1）计算质点 P 沿 $\overparen{AB}$ 从点 $A(a, 0)$ 移动到点 $B(0, b)$ 时 $\boldsymbol{F}$ 所做的功；

（2）求质点 P 沿曲线 BA 从点 B 移动到点 A 时 $\boldsymbol{F}$ 所做的功；

（3）当 P 点按逆时针方向沿椭圆绕一周时力 $\boldsymbol{F}$ 所做的功.

6. 求流速场 $v = (x + y + z)\boldsymbol{k}$ 在单位时间内流过曲面 $\Sigma : x^2 + y^2 = z (0 \leqslant z \leqslant h)$ 的流量.

7. 有一磁场 $F(M) = -\dfrac{k}{r^3}\boldsymbol{r}, \boldsymbol{r}$ 是点 M 的向径，求其通过中心在原点，半径为 R 的球面的通量.

实验 11   无 穷 级 数

11.1   实 验 目 的

(1) 学习用软件判断级数的敛散性.

(2) 观察级数部分和序列逼近函数的几何图形,进一步理解级数的敛散性.

(3) 学习用软件将函数展成幂级数和傅里叶级数,借助图形观察傅里叶级数对周期函数的逼近情况.

11.2   预 备 知 识

11.2.1   级数的敛散性

如果级数 $\sum\limits_{n=1}^{\infty} u_n$ 的部分和数列 $\{s_n\}\left(s_n = \sum\limits_{i=1}^{n} u_i\right)$ 有极限,即 $\lim\limits_{n\to\infty} s_n = s$,则称无穷级数 $\sum\limits_{n=1}^{\infty} u_n$ 收敛,这时极限 s 叫做级数的和;如果 $\{s_n\}$ 没有极限,则称无穷级数 $\sum\limits_{n=1}^{\infty} u_n$ 发散.

11.2.2   常数项级数的审敛法

1. 正项级数审敛法

1) 比较审敛法

设 $\sum\limits_{n=1}^{\infty} u_n$ 和 $\sum\limits_{n=1}^{\infty} v_n$ 都是正项级数,

(1) 如果 $\lim\limits_{n\to\infty} \dfrac{u_n}{v_n} = l(0 \leqslant l < +\infty)$,且 $\sum\limits_{n=1}^{\infty} v_n$ 收敛,则 $\sum\limits_{n=1}^{\infty} u_n$ 收敛;

(2) 如果 $\lim\limits_{n\to\infty} \dfrac{u_n}{v_n} = l > 0$ 或 $\lim\limits_{n\to\infty} \dfrac{u_n}{v_n} = +\infty$,且 $\sum\limits_{n=1}^{\infty} v_n$ 发散,则 $\sum\limits_{n=1}^{\infty} u_n$ 发散.

2) 比值审敛法

正项级数 $\sum\limits_{n=1}^{\infty} u_n$,若满足 $\lim\limits_{n\to\infty} \dfrac{u_{n+1}}{u_n} = \rho$,则当 $\rho < 1$ 时级数收敛;$\rho > 1$ 时级数发散.

3) 根值审敛法

正项级数 $\sum\limits_{n=1}^{\infty} u_n$,若 $\lim\limits_{n\to\infty} \sqrt[n]{u_n} = \rho$,则当 $\rho < 1$ 时,级数收敛;当 $\rho > 1$ 时,级数发散.

2. 交错级数审敛法

如果交错级数 $\sum\limits_{n=1}^{\infty} (-1)^{n-1} u_n$ 满足条件:

(1) $u_n \geqslant u_{n+1} (n=1,2,3,\cdots)$;

(2) $\lim\limits_{n\to\infty} u_n = 0$,则级数收敛.

11.2.3　幂级数的收敛半径

幂级数

$$\sum_{n=0}^{\infty} a_n x^n = a_0 + a_1 x + a_2 x^2 + \cdots + a_n x^n + \cdots.$$

如果 $\lim\limits_{n\to\infty} \left| \dfrac{a_{n+1}}{a_n} \right| = \rho$,则收敛半径为

$$R = \begin{cases} \dfrac{1}{\rho}, & \rho \neq 0 \\ +\infty, & \rho = 0 \\ 0, & \rho = +\infty \end{cases} .$$

11.2.4　傅里叶级数

收敛定理　设 $f(x)$ 是以 $2T$ 为周期的周期函数,如果满足

(1) 在一个周期内连续或只有有限个第一类间断点;

(2) 在一个周期内至多有有限个极值点,

则 $f(x)$ 的傅里叶级数展开式为

$$f(x) = \frac{a_0}{2} + \sum_{n=1}^{\infty} \left(a_n \cos \frac{n\pi x}{T} + b_n \sin \frac{n\pi x}{T} \right), \quad n \in C,$$

其中

$$a_n = \frac{1}{T} \int_{-T}^{T} f(x) \cos \frac{n\pi x}{T} \mathrm{d}x, \quad n = 0,1,2,\cdots,$$

$$b_n = \frac{1}{T} \int_{-T}^{T} f(x) \sin \frac{n\pi x}{T} \mathrm{d}x, \quad n = 1,2,3,\cdots,$$

$$C = \left\{ x \,\Big|\, f(x) = \frac{1}{2} \left[f(x^-) + f(x^+) \right] \right\}.$$

11.3　实　验　内　容

11.3.1　级数求和

表 11-1 是 symsum 函数表.

表 11-1　symsum 函数

命　令	功　能
symsum(s)	关于默认变量(比如 k)对通项 s 从 0 到 $k-1$ 项求和
symsum(s,v)	关于指定变量 v 对对通项 s 从 0 到 $k-1$ 项求和
symsum(s,a,b)	关于默认变量从 a 到 b 取值时,对通项 s 求和
symsum(s,v,a,b)	关于变量 v 从 a 变化到 b 时,对通项 s 求和

例 11-1　求 $s_1 = \sum\limits_{n=0}^{n-1} \dfrac{n}{k}, s_2 = \sum\limits_{k=1}^{10} \dfrac{n}{k}$.

解　MATLAB 命令窗口输入

```
>>syms n k
>>s1=simple(symsum(n/k))
s1=
    1/2*n*(n-1)/k
>>s2=simple(symsum(n/k,k,1,10))
s2=
    7381/2520*n
```

结果：$s_1 = \dfrac{n(k-1)}{2k}, s_2 = \dfrac{7381}{2520}n$.

例 11-2　对 p-级数 $\sum\limits_{n=1}^{\infty} \dfrac{1}{n^p}$, 求(1)和 s；(2)求部分和 s_n；(3)作图并观察部分和序列的变化趋势.

　　解　建立 p-级数的和与部分和及其绘图文件：eg11_2.m

打开编辑窗口，编写程序：

```
p=input('p=');
syms k
s=symsum(1/k^p,1,inf)
sn=[];
for n=20:10:200
    s1=eval(symsum(1/k^p,1,n));
    sn=[sn,s1];
end
n=20:10:200;
plot(n,sn,'m*')
if s~=inf
    hold on
    n1=20:0.2:200;
    s=eval(s);
    plot(n1,s,'r-')
    hold off
end
legend('部分和 sn','和 s',0)
xlabel('n')
ylabel('sn')
title('p-级数部分和散点图')
保存文件名 eg11_2.m
```

MATLAB 命令窗口输入

```
>>eg11_2
p=
    1
s=
    inf
```

图形如图 11-1 所示.

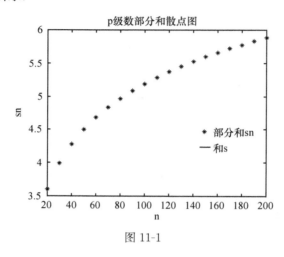

图 11-1

```
>>eg11_2
p=
    2
s=
    1/6 * pi^2
```

图形如图 11-2 所示.

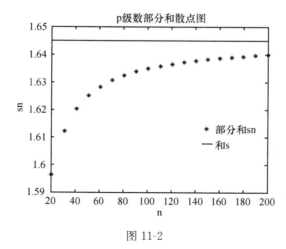

图 11-2

```
>>eg11_2
p=3
```

```
s=
    zeta(3)
>>s
s=
    1.2021
```

图形如图 11-3 所示.

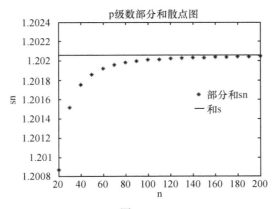

图 11-3

结果:调和级数 $\sum\limits_{n=1}^{\infty}\dfrac{1}{n}$ 发散,$p\geqslant 2$ 时 p 级数 $\sum\limits_{n=1}^{\infty}\dfrac{1}{n^{p}}$

收敛,观察图形得知 p 越大,收敛速度越快.

例 11-3   一动点从 $P_{0}(-1,1)$ 出发,沿线路 $P_{0}P_{1}$

$\cdots P_{n}\cdots$ 移动,其中 $P_{0}P_{1}=1$,$P_{1}P_{2}=\dfrac{2}{3}P_{0}P_{1}$,$\cdots$,

$P_{n-1}P_{n}=\dfrac{2}{3}P_{n-2}P_{n-1}$,$\cdots$,求动点极限位置的坐标

(图 11-4).

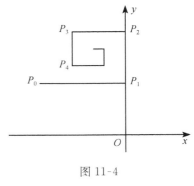

图 11-4

解   分析:动点坐标 $P(x,y)$,$x<0$,$y>0$,令 $r=$

$\dfrac{2}{3}$,则

$$P_{0}P_{1}=1,$$

$$P_{1}P_{2}=\frac{2}{3}P_{0}P_{1}=\frac{2}{3}=r,$$

$$P_{2}P_{3}=\frac{2}{3}P_{1}P_{2}=\left(\frac{2}{3}\right)^{2}=r^{2},$$

$$\cdots\cdots$$

$$P_{n-1}P_{n}=\left(\frac{2}{3}\right)^{n-1}=r^{n-1},$$

$$x=-P_{2}P_{3}+P_{4}P_{5}-P_{6}P_{7}+\cdots+(-1)^{n}P_{2n}P_{2n+1}+\cdots$$

$$=-r^{2}+r^{4}-r^{6}+\cdots+(-1)^{n}r^{2n}+\cdots$$

$$=\sum_{n=1}^{\infty}r^{4n}\left(1-\frac{1}{r^{2}}\right),$$

$$y-1 = P_1P_2 - P_3P_4 + P_5P_6 - \cdots + (-1)^{n-1}P_{2n-1}P_{2n} + \cdots$$
$$= r - r^3 + r^5 - r^7 + \cdots + (-1)^{n-1}r^{2n-1} + \cdots,$$

$$y = 1 + \sum_{n=0}^{\infty} r^{4n+1} - \sum_{n=1}^{\infty} r^{4n-1}.$$

MATLAB 命令窗口输入

```
>>syms n
>>r=2/3;
>>x=eval(symsum(r^(4*n)*(1-1/r^2),1,inf))
x=
    -0.3077
>>y=1+eval(symsum(r^(4*n+1),0,inf)-symsum(r^(4*n-1),1,inf))
y=
    1.4615
>>%求部分和序列
>>xn=zeros(1,15);yn=xn;
>>for i=1:15
        xn(i)=eval(symsum((-1)^n*r^(2*n),1,i));
        yn(i)=1+eval(symsum((-1)^(n-1)*r^(2*n-1),1,i));
end
>>xn
xn=
    -0.4444   -0.2469   -0.3347   -0.2957   -0.3130   -0.3053
    -0.3087   -0.3072   -0.3079   -0.3076   -0.3077   -0.3077
    -0.3077   -0.3077   -0.3077
>>yn
yn=
    1.6667   1.3704   1.5021   1.4435   1.4695   1.4580
    1.4631   1.4608   1.4619   1.4614   1.4616   1.4615
    1.4616   1.4615   1.4615
>>stem(xn,yn,'r.')%火柴杆图
>>text(-0.303,1.485,'\bf\leftarrow(-0.3077,1.4615)')
>>title('动点极限坐标散点图')
```

图形如图 11-5 所示.

结果：动点极限坐标是 $(-0.3077, 1.4615)$，观察部分和序列 $\{x_n\}$，$\{y_n\}$ 前 15 项数据，以及图示，均与计算结果一致.

11.3.2　常数项级数的审敛法

例 11-4　用比较审敛法判定级数 $\sum_{n=1}^{\infty} \sin\dfrac{1}{n}$ 的敛散性.

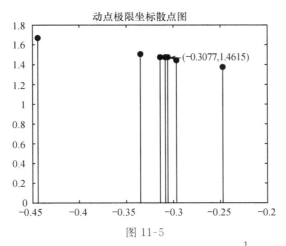

图 11-5

解　用调和级数 $\sum\limits_{n=1}^{\infty}\dfrac{1}{n}$ 作为参考级数,考虑极限 $\lim\limits_{n\to\infty}\dfrac{\sin\dfrac{1}{n}}{\dfrac{1}{n}}$.

MATLAB 命令窗口输入

```
>>syms n
>>I=limit(sin(1/n)/(1/n),n,inf)
I =
    1
```

结果:由比较审敛法,调和级数 $\sum\limits_{n=1}^{\infty}\dfrac{1}{n}$ 发散,则有级数 $\sum\limits_{n=1}^{\infty}\sin\dfrac{1}{n}$ 发散.

例 11-5　用比值审敛法判定级数 $\sum\limits_{n=1}^{\infty}\dfrac{n^2}{3^n}$ 的敛散性.

解　考查极限 $\lim\limits_{n\to\infty}\dfrac{(n+1)^2/3^{n+1}}{n^2/3^n}$.

MATLAB 命令窗口输入

```
>>syms n
>>I=limit((n+1)^2/3^(n+1)/(n^2/3^n),n,inf)
I =
    1/3
```

结果:由比较审敛法知级数 $\sum\limits_{n=1}^{\infty}\dfrac{n^2}{3^n}$ 收敛.

例 11-6　用根值审敛法判定级数 $\sum\limits_{n=1}^{\infty}\left(\dfrac{n}{3n-1}\right)^{2n-1}$ 的敛散性.

解　考查极限 $\lim\limits_{n\to\infty}\sqrt[n]{\left(\dfrac{n}{3n-1}\right)^{2n-1}}$.

MATLAB 命令窗口输入

```
>>syms n
>>I=limit((((n/(3*n-1))^(2*n-1))^(1/n),n,inf)
```

```
I =

    1/9
```

结果：由根值审敛法知级数 $\sum\limits_{n=1}^{\infty}\left(\dfrac{n}{3n-1}\right)^{2n-1}$ 收敛.

例 11-7　判断交错级数 $\sum\limits_{n=1}^{\infty}\dfrac{(-1)^{n-1}}{n^3}$ 的敛散性，分别绘制一般项序列 $\{u_n\}$ 和部分和序列 $\{s_n\}$ 散点图.

解　步骤：

（1）判断 $\dfrac{1}{n^3}\geqslant\dfrac{1}{(n+1)^3}$；

（2）求极限 $I=\lim\limits_{n\to\infty}\dfrac{1}{n^3}$；

（3）作 $\{u_n\}$ 及 $\{s_n\}$ 的散点图.

MATLAB 命令窗口输入

```
>>k=1:100;
>>u=1. /k. ^3;
>>m=zeros(1,99);
>>for i=1:100-1
            if u(i)>=u(i+1)
                    m(i)=1;
            end
end
>>syms n
>>if m==1
            I=limit(1/n^3,n,inf)
end
>>for i=10:100
            sn(i-9)=eval(symsum((-1)^(n-1)/n^3,1,i));
end
>>n=10:100;
>>un=(-1). ^(n-1). /n. ^3;
>>subplot(1,2,1)
>>plot(n,un,'gO')
>>xlabel('n')
>>ylabel('un')
>>title('交错级数一般项散点图')
>>subplot(1,2,2)
>>plot(n,sn,'r * ')
>>xlabel('n')
>>ylabel('sn')
```

```
>>title('交错级数部分和散点图')
```
图形如图 11-6 所示.

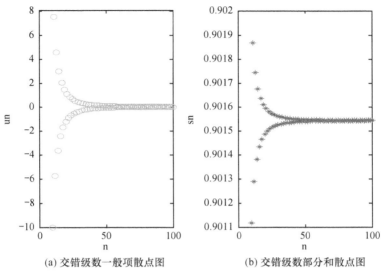

　　　　(a) 交错级数一般项散点图　　　　　　　　　(b) 交错级数部分和散点图

图 11-6

运行结果：

（1）交错级数 $\displaystyle\sum_{n=1}^{\infty}\frac{(-1)^{n-1}}{n^3}$ 收敛.

（2）一般项 $u_n=\dfrac{(-1)^{n-1}}{n^3}$ 序列散点上、下双边对称排列，n 越大，散点越密集，与 $u_n=0$ 的距离越来越小，散点图的结果与（1）的计算结果一致.

（3）部分和 $s_n=\displaystyle\sum_{k=1}^{n}\frac{(-1)^{k-1}}{k^3}$ 序列散点上、下双边对称排列，n 越大，散点越密集，排列越平缓，越来越靠近 $[0.9015,0.9016]$ 之间的某一个数，散点图结果与（1）的计算结果一致.

11.3.3　幂级数

例 11-8　求幂级数 $\displaystyle\sum_{n=2}^{\infty}\frac{(-1)^{n-1}}{\ln n}x^n$ 的收敛半径.

解　$a_n=\dfrac{(-1)^{n-1}}{\ln n}$.

MATLAB 命令窗口输入

```
>>syms n
>>p=limit(abs(((-1)^n/log(n+1))/((-1)^(n-1)/log(n))),n,inf);
>>R=1/p
R=
    1
```

结果:幂级数 $\sum\limits_{n=2}^{\infty} \dfrac{(-1)^{n-1}}{\ln n} x^n$ 的收敛半径为1.

例 11-9 利用幂级数的展开式计算 ln2 的近似值,要求误差不超过 0.0001.

解 (1) 方法一 利用展开式 $\ln(1+x)=\sum\limits_{n=0}^{\infty}(-1)^n\dfrac{x^{n+1}}{n+1}(-1<x\leqslant 1)$ 取 $x=1$ 得

$$\ln 2=\sum_{n=1}^{\infty}(-1)^{n-1}\frac{1}{n}.$$

由莱布茨兹定理知 $|r_n|\leqslant\dfrac{1}{n+1}$,即 $\dfrac{1}{n+1}<0.0001\Rightarrow n\geqslant 10000$.

MATLAB 命令窗口输入

```
>>syms k
>>n1=10000;
>>sn1=eval(symsum((-1)^(k-1)/k,1,n1))
sn1=
     0.6931
```

(2) 方法二 考虑

$$\ln\frac{1+x}{1-x}=2\left(x+\frac{x^3}{3}+\frac{x^5}{5}+\cdots+\frac{x^{(2n-1)}}{2n-1}+\cdots\right),\quad -1<x\leqslant 1.$$

令 $\dfrac{1+x}{1-x}=2$,可得 $x=\dfrac{1}{3}$,因此

$$\ln 2=2\left(\frac{1}{3}+\frac{1}{3\cdot 3^3}+\frac{1}{5\cdot 3^5}+\cdots+\frac{1}{(2n-1)\cdot 3^{2n-1}}+\cdots\right).$$

$$|r_n|=2\left[\frac{1}{(2n+1)\cdot 3^{2n+1}}+\frac{1}{(2n+3)\cdot 3^{2n+3}}+\cdots\right]$$

$$<\frac{2}{(2n+1)\cdot 3^{2n+1}}\left(1+\frac{1}{3^2}+\frac{1}{3^4}+\cdots\right)$$

$$=\frac{2}{(2n+1)\cdot 3^{2n+1}}\cdot\frac{1}{1-\dfrac{1}{3^2}}=\frac{1}{(2n+1)\cdot 2^2\cdot 3^{2n-1}}.$$

编程确定项数 n,然后再求和.

MATLAB 命令窗口输入

```
>>err=0.0001;
>>n2=1;
>>rn2=1;
>>while rn2>err
         n2=n2+1;
         rn2=1/(2*n2+1)/2^2/3^(2*n2-1);
   end
>>syms k
>>sn2=eval(2*symsum(1/(2*k-1)/3^(2*k-1),1,n2))
```

```
sn2=
    0.6931
>>n2
n2=
    4
```

（3）作两种方法的部分和散点图,并加以比较

MATLAB 命令窗口输入

```
>>syms k
>>for n=1:80
        sn1(n)=eval(symsum((-1)^(k-1)/k,1,n));
        sn2(n)=eval(2 * symsum(1/(2 * k-1)/3^(2 * k-1),1,n));
    end
>>n=1:80;
>>subplot(1,2,1)
>>plot(n,sn1,'r. ')
>>xlabel('n')
>>ylabel('sn')
>>title('部分和{\Sigma}_{k=1}^{n}(-1)^{k-1}/k 散点图')
>>subplot(1,2,2)
>>plot(n,sn2,'r. ')
>>xlabel('n')
>>ylabel('sn')
>>title('部分和 2{\Sigma}_{k=1}^{n}1/(2k-1)/3^(2k-1))/k 散点图')
```

图形如图 11-7 所示.

结果:方法一

$$\ln 2 \approx 1 - \frac{1}{2} + \frac{1}{3} - \cdots + \frac{1}{9999} - \frac{1}{10000} = 0.6931.$$

方法二

$$\ln 2 \approx 2\left(\frac{1}{3} + \frac{1}{3 \cdot 3^3} + \frac{1}{5 \cdot 3^5} + \frac{1}{7 \cdot 3^7}\right) = 0.6931.$$

观察散点图可知:方法一趋于 0.6931 的速度很慢,而方法二非常快.

11.3.4　傅里叶级数

例 11-10　设 $f(x)$ 是周期为 2π 的方波函数,它在 $[-\pi, \pi)$ 上的表达式为

$$f(x) = \begin{cases} -1, & -\pi \leqslant x < 0 \\ 1, & 0 \leqslant x < \pi \end{cases}.$$

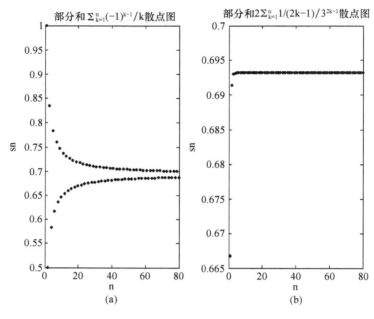

图 11-7

将 $f(x)$ 展开成傅里叶级数,并画出部分和序列逼近 $f(x)$ 的图形.

解 步骤:

(1) 计算傅里叶系数

$$a_n = \frac{1}{\pi}\left[\int_{-\pi}^{0}(-1)\cos nx\,\mathrm{d}x + \int_{0}^{\pi}\cos nx\,\mathrm{d}x\right], \quad n=0,1,2,\cdots,$$

$$b_n = \frac{1}{\pi}\left[\int_{-\pi}^{0}(-1)\sin nx\,\mathrm{d}x + \int_{0}^{\pi}\sin nx\,\mathrm{d}x\right], \quad n=1,2,3,\cdots.$$

(2) 计算 $f(x), x\in[-\pi,\pi)$ 及部分和

$$s_m = \frac{a_0}{2} + \sum_{n=1}^{m}(a_n\cos nx + b_n\sin nx), \quad m=1,3,5,\cdots,15.$$

(3) 绘制图形.

MATLAB 命令窗口输入

```
>>syms n x
>>an=(int((-1) * cos(n * x),-pi,0)+int(cos(n * x),0,pi))/pi
an=
0
>>bn=(int((-1) * sin(n * x),-pi,0)+int(sin(n * x),0,pi))/pi
bn=
-2 * (-1+cos(pi * n))/n/pi
>>bn=subs(bn,'cos(pi * n)','(-1)^n')
bn=
-2 *(-1+((-1)^n))/n/pi
>>x=-2 * pi:0. 2:2 * pi;
```

```
>>f=sign(sin(x));
>>for m=1:2:15
        sn=0
        for n=1:m
            if m<8
                k=m;figure(1)
            else k=m-8;figure(2)
            end
            s=eval(bn * sin(n * x));
            sn=sn+s;
        end
subplot(2,2,(k+1)/2)
plot(x,f,'r',x,'sn','b')
    end
```

图形如图 11-8、图 11-9 所示:

结果: $a_n = 0$, $b_n = \dfrac{-2}{n\pi}[-1+(-1)^n]$, $f(x)$ 的傅里叶级数展开式为

$$\frac{4}{\pi}\left(\sin x + \frac{1}{3}\sin 3x + \cdots + \frac{1}{2k-1}\sin(2k-1)x + \cdots\right).$$

　　观察部分和与 $f(x)$ 的图形得知:①方波可分解成一系列不同频率的正弦波的叠加,这些正弦波的频率是基波的奇数倍.②叠加的正弦波越多,逼近方波 $f(x)$ 的效果越好.

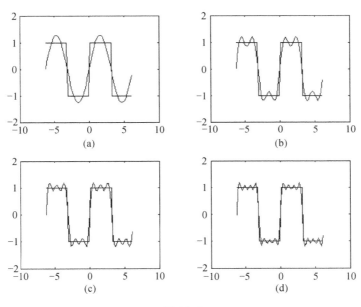

图 11-8

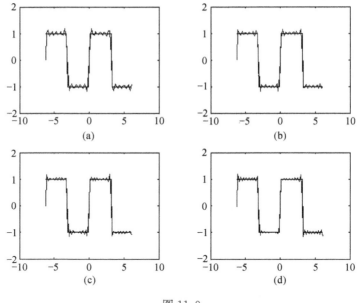

图 11-9

例 11-11 将函数

$$f(x) = 1 - x^2, \quad -\frac{1}{2} \leqslant x \leqslant \frac{1}{2}$$

展开为傅里叶级数，并画图观察部分和序列逼近函数 $f(x)$ 的情形.

解 周期 $2T = 1$.

MATLAB 命令窗口输入

```
>>T=1/2;
>>syms n x
>>f=1-x^2;
>>a0=int(f,-T,T)/T
a0=
    11/6
>>an=int(f * cos(n * pi * x/T),-T,T)/T
an=
    1/2*(3*pi^2*n^2*sin(pi*n)+2*sin(pi*n)-2*pi*n*cos(pi*n))/pi^3/n^3
>>an=subs(an,{'sin(pi * n)','cos(pi * n)'},{0,'(-1)^n'})
an=
    -1/pi^2/n^2 * (-1)^n
>>bn=int(f * sin(n * pi * x/T),-T,T)/T
bn=
    0
>>s=[];
>>%计算 f(x)的 1～4 阶傅里叶系数
```

```
>>for i=1:4
        sn=a0/2;
        for j=1:i
            s1=subs(an,n,j)*cos(j*pi*x/T);
            sn=sn+s1;
        end
        s=[s sn];
    end
>>x=-1/2:1/100:1/2;
>>y=1-x.^2;
>>for i=1:4
        ss=eval(s(i));
        subplot(2,2,i)
        plot(x,y,'r',x,ss)
        end
```

图形如图 11-10 所示.

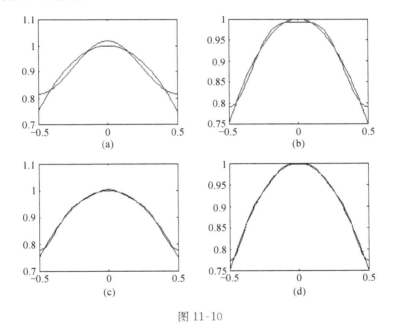

图 11-10

结果：(1) 函数 $f(x)=1-x^2\left(-\dfrac{1}{2}\leqslant x\leqslant\dfrac{1}{2}\right)$ 的傅里叶系数

$$a_0=\frac{11}{6}, \quad a_n=\frac{(-1)^{n+1}}{(\pi n)^2}, \quad b_n=0, \quad n=1,2,\cdots.$$

傅里叶级数是

$$f(x) = \frac{11}{12} + \frac{1}{\pi^2} \sum_{n=1}^{\infty} \frac{(-1)^n}{n^2} \cos 2n\pi x.$$

（2）部分和逼近 $f(x)$ 的效果较好，当取 3、4 阶傅里叶部分和作逼近时，几何图形的直观效果显示误差较小.

11.4 实 验 任 务

1. 判断下列常数项级数的敛散性，并作部分和序列 $\{s_n\}$ 的散点图：

（1）$\displaystyle\sum_{n=1}^{+\infty} \frac{1}{(n+1)(n+4)}$；　　　　（2）$\displaystyle\sum_{n=1}^{+\infty} \frac{2n-1}{3^n}$；

（3）$\displaystyle\sum_{n=1}^{+\infty} \frac{1}{[\ln(n+1)]^n}$；　　　　（4）$\displaystyle\sum_{n=1}^{+\infty} (-1)^n \cdot \frac{n+2}{n+1} \cdot \frac{1}{\sqrt{n}}$.

2. 求下列幂级数的收敛半径：

（1）$\displaystyle\sum_{n=1}^{+\infty} (\sqrt{n+1} - \sqrt{n}) \cdot 2^n \cdot x^n$；　　（2）$\displaystyle\sum_{n=2}^{+\infty} \frac{x^{n-1}}{n \cdot 3^n \cdot \ln n}$.

3. 计算下列各数的近似值：

（1）$\sqrt{e}$（精确到 10^{-10}）；

利用展开式 $e^x = 1 + x + \dfrac{x^2}{2!} + \cdots + \dfrac{x^n}{n!} + \cdots$.

（2）$\displaystyle\int_0^{0.5} \frac{1}{1+x^4} dx$（精确到 10^{-20}）；

利用展开式 $\dfrac{1}{1+x} = 1 - x + x^2 - x^3 + \cdots + (-1)^n x^n + \cdots$.

4. 将函数 $f(x) = 3x^2 + 1 (-\pi \leqslant x \leqslant \pi)$ 展开为傅里叶级数，分别作图观察前 $1,3,5,7$ 阶和逼近函数 $f(x)$ 的情形，并写出结论.

5. 患有某种心脏病的病人经常要服用洋地黄毒苷. 洋地黄毒苷在体内的清除率正比于体内洋地黄毒苷的药量，一天（24h）大约有 10% 的药物被清除. 假设每天给病人 0.05mg 的维持剂量，问长期服用后，病人体内的洋地黄毒苷将维持在怎样的水平？ 如果想将这个水平降低 10%，就需要调整维持量，试给出治疗方案，并用图形表示病人体内的药物含量.

实验 12　常微分方程

12.1　实 验 目 的

(1) 学习用软件求解常微分方程的解析解和数值解.

(2) 借助常微分方程解的几何图形,进一步理解常微分方程的通解和特解的含义.

(3) 会用微分方程建立简单问题的数学模型,能用软件求解.

12.2　预 备 知 识

12.2.1　微分方程的概念

凡表示未知函数、未知函数的导数以及自变量之间的关系的方程,叫做微分方程. 未知函数是一元函数的,叫做常微分方程. 未知函数的最高阶导数的阶数,叫做微分方程的阶.

一般 n 阶微分方程的形式是

$$F(x, y, y', \cdots, y^{(n)}) = 0.$$

12.2.2　微分方程的解析解

设函数 $y = \varphi(x)$ 在区间 I 上有 n 阶连续导数,如果

$$F[x, \varphi(x), \varphi'(x), \cdots, \varphi^{(n)}(x)] \equiv 0.$$

那么函数 $y = \varphi(x)$ 称为微分方程 $F(x, y, y', \cdots, y^{(n)}) = 0$ 在区间 I 上的解.

如果微分方程的解中含有任意常数,且任意常数的个数与微分方程的阶数相同,这样的解叫做微分方程的通解.

由初始条件确定通解中任意常数后的解,叫做微分方程的特解.

12.2.3　微分方程解的几何意义

微分方程的通解的几何意义是一簇曲线,其中每一条曲线称为微分方程的积分曲线.

一阶微分方程初值问题

$$\begin{cases} y' = f(x) \\ y \mid_{x=x_0} = y_0 \end{cases},$$

的特解的几何意义是微分方程通过已知点 (x_0, y_0) 的那条积分曲线.

二阶微分方程初值问题

$$\begin{cases} y'' = f(x, y, y') \\ y \mid_{x=x_0} = y_0, y' \mid_{x=x_0} = y_0' \end{cases}$$

的特解的几何意义是微分方程通过已知点 (x_0, y_0),且在该点处的切线斜率为 y_0' 的那条积

分曲线.

12.2.4 常微分方程的数值解

一阶常微分方程初值问题的数值解法是指自变量是 x 取一系列离散点

$$a = x_0 < x_1 < x_2 < \cdots < x_{n-1} < x_n < \cdots.$$

将微分方程转化为差分方程,来求出准确解 $y(x_k)(k=1,2,\cdots)$ 的近似值 $y_k(k=1,2,\cdots)$ 的方法. 其中 $y_1,y_2,\cdots,y_n,\cdots$ 叫做初值问题在点列 $\{x_k\}$ 上的数值解.

常用的标准四阶龙格-库塔公式是

$$\begin{cases} y_{n+1} = y_n + \dfrac{h}{6}(k_1 + 2k_2 + 2k_3 + k_4) \\ k_1 = f(x_n, y_n) \\ k_2 = f\left(x_n + \dfrac{h}{2}, y_n + \dfrac{1}{2}hk_1\right) \\ k_3 = f\left(x_n + \dfrac{h}{2}, y_n + \dfrac{1}{2}hk_2\right) \\ k_4 = f(x_n + h, y_n + hk_3) \end{cases}.$$

12.3 实 验 内 容

12.3.1 常微分方程的解析解(符号解)

表 12-1 是 dsolve 函数表.

表 12-1   dsolve 函数

命令	S＝dsolve('eq1',…,'eqn','独立变量')	S＝dsolve('eq1',…,'eqn','初始条件','独立变量')
功能	求微分方程组的通解	求微分方程组的特解
备注	$eq1,\cdots,eqn$ 是微分方程,其中 Dy 表示 $\dfrac{\mathrm{d}y}{\mathrm{d}x}$,D$ny$ 表示 $\dfrac{\mathrm{d}^n y}{\mathrm{d}x^n}$.	
	初始或边界条件 $y\|_{x=a}=b$ 与 $y'\|_{x=c}=d$ 写成 $y(a)=b$,D$y(c)=d$.	
	独立变量的默认值为 t.	
	输出 S 是构架数组.	
	输出写成 $[y_1,y_2,\cdots,y_n]$ 时,表示输出 n 个解.	

例 12-1 求解伯努利方程 $xy' + y = xy^2\ln x$,并绘制积分曲线.

解 (1)求解微分方程符号解

MATLAB 命令窗口输入

```
>>y=dsolve('x * Dy+y=x * y^2 * log(x)','x')
y =
    -2/x/(log(x)^2-2 * C1)
```

结果:$y = \dfrac{2}{x(2C_1 - \ln^2 x)}$.

(2)验算微分方程的解

MATLAB 命令窗口输入

```
>> syms x
>> L=simple(x * diff(y)+y)
L =
    4/x * log(x)/(log(x)^2-2 * C1)^2
>> R=x * y^2 * log(x)
R =
    4/x * log(x)/(log(x)^2-2 * C1)^2
```

结果：左＝右，即 $y=\dfrac{2}{x(2C_1-\ln^2 x)}$ 是微分方程的解.

（3）绘制积分曲线

MATLAB 命令窗口输入

```
>>for i=-3:3
     ezplot(subs(y,'C1',i),[0+eps,4])
     hold on
  end
>>hold off
>>axis([0,4,-3,3])
```

积分曲线是一族曲线，如图 12-1 所示.

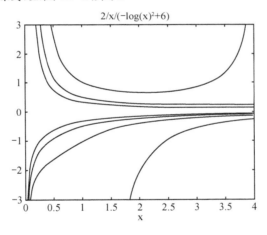

图 12-1

例 12-2　求解柯西问题 $\begin{cases} yy''=2(y'^2-y') \\ y|_{x=0}=1, y'|_{x=0}=2 \end{cases}$，并作出积分曲线.

解　MATLAB 命令窗口输入

```
>>y=dsolve('y * D2y=2 *(Dy^2-Dy)','y(0)=1','Dy(0)=2','x')
y =
    tan(x+1/4 * pi)
>>L=y * diff(y,2)
L =
```

```
     2*tan(x+1/4*pi)^2*(1+tan(x+1/4*pi)^2)
>>R=factor(2*(diff(y)^2-diff(y)))
R =
     2*tan(x+1/4*pi)^2*(1+tan(x+1/4*pi)^2)
>>ezplot(y,[-3*pi/4,pi/4])
```

图形如图 12-2 所示.

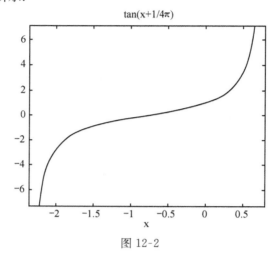

图 12-2

结果:特解是 $y=\tan\left(x+\dfrac{\pi}{4}\right)$,通过验算得知 $y=\tan\left(x+\dfrac{\pi}{4}\right)$ 是柯西问题的解. 积分曲线是一条曲线.

例 12-3 求解微分方程组 $\begin{cases} \dfrac{\mathrm{d}x}{\mathrm{d}t}+2x+\dfrac{\mathrm{d}y}{\mathrm{d}t}+y=t \\ 5x+\dfrac{\mathrm{d}y}{\mathrm{d}t}+3y=t^2 \end{cases}$,并作积分曲线.

解 MATLAB 命令窗口输入

```
>>syms t x y
>>S=dsolve('Dx+2*x+Dy+y=t','5*x+Dy+3*y=t^2');
>>S=collect([S.x,S.y],sin(t))
S =
     [(2*C2+3*C1)*sin(t)+C1*cos(t)+t-t^2+3,
      (-3*C2-5*C1)*sin(t)-4+C2*cos(t)+2*t^2-3*t]
>>for i=1:2
       subplot(1,2,i)
       for j=-3:3
           ezplot(subs(S(i),'[C1,C2]',[j,j+5]))
           hold on
       end
       hold off
       end
```

如图 12-3 所示.

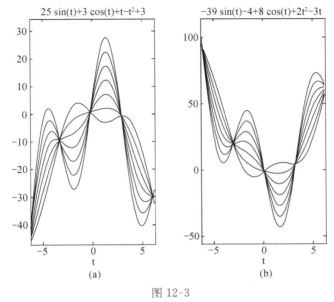

图 12-3

结果：微分方程组的通解为

$$\begin{cases} x = (2C_2 + 3C_1)\sin t + C_1 \cos t - t^2 + t + 3 \\ y = (-5C_1 - 3C_2)\sin t + C_2 \cos t + 2t^2 - 3t - 4 \end{cases},$$

积分曲线是两族曲线.

12.3.2　常微分方程的数值解

常微分方程的解析解法仅限于一些典型方程. 对于实际问题中建立起来的微分方程模型，一般较为复杂，有的没有解析表达式的解；有的虽然有解的解析表达式，但计算量太大，不实用. 作为常微分方程解析解的互补，下面给出常微分方程的数值解法（表 12-2）.

表 12-2　ode23 及 ode45 函数

命令	[T, Y]=ode23('F', tspan, Y0)		[T, Y]=ode45('F', tspan, Y0)
方法	组合二、三阶龙格—库塔算法		组合四、五阶龙格—库塔算法
说明	输入	F 是微分方程(或微分方程组)的函数文件	
		tspan=[$t0, tn$]是积分区间或 tspan=[$t0, t1, \cdots, tn$]表示计算这些自变量上的微分方程的解	
		Y0 是初始条件	
	输出	T 是自变量列向量	
		Y(一个微分方程)是因变量列向量；或 Y(微分方程组)是矩阵，矩阵的行数与 T 的长度相等，矩阵的列数是方程的个数	

例 12-4　用命令 ode23 求解初值问题 $\begin{cases} y' + \dfrac{1-2x}{x^2}y = 1 \\ y(1) = 0 \end{cases}$ $(1 \leqslant x \leqslant 2)$，并作图与解析解比较.

解 打开 MATLAB 编辑窗口建立函数文件 eg12_4.m

```
function  F= eg12_4(x,y)
F=-(1-2*x)/x^2*y+1;
```

MATLAB 命令窗口输入

```
>>[x,y]=ode23('eg12_4',[1,2],0);
>>yy=dsolve('Dy+(1-2*x)/x^2*y=1','y(1)=0','x')
yy =
    exp((1+2*log(x)*x)/x-1/x)-exp((1+2*log(x)*x)/x)/exp(1)
>>yy=simple(yy)
yy =
    x^2-exp(1/x)*x^2/exp(1)
>>err=(abs(double(x.^2-exp(1./x).*x.^2./exp(1)-y)))'
err =
    1.0e-004 *
    0            0.0000      0.0000      0.0000
    0.0000       0.0016      0.0353      0.0784

    0.1277       0.1815      0.2389      0.2993
    0.3623       0.4277      0.4954      0.5102
>>ezplot(yy,[1,2])
>>hold on
>>plot(x,y,'r.')
>>hold off
```

图形如图 12-4 所示.

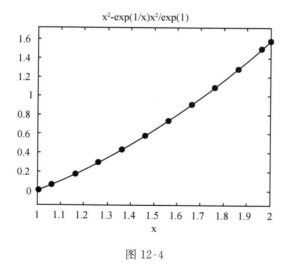

图 12-4

结果:解析解是 $y=\left(1-e^{\frac{1}{x}-1}\right)x^2$,数值解对应的自变量在 $[1,2]$ 上非等间隔地取 16

个值,数值解的前 4 个点的误差较后面的点的误差小.

例 12-5　设一阶微分方程组

$$\begin{cases} \dfrac{\mathrm{d}x}{\mathrm{d}t} + 2x - \dfrac{\mathrm{d}y}{\mathrm{d}t} = 10\cos t \\ \dfrac{\mathrm{d}x}{\mathrm{d}t} + \dfrac{\mathrm{d}y}{\mathrm{d}t} + 2y = 4\mathrm{e}^{-2t} \end{cases}.$$

当 $t=0$ 时 $x(0)=2$,$y(0)=0$,求微分方程在 $t\in[0,15]$ 上的数值解,并画出 $x(t)$,$y(t)$ 的解曲线以及满足微分方程的解的轨迹.

解　步骤:

(1) 将微分方程组变形为 $\begin{cases} \dfrac{\mathrm{d}x}{\mathrm{d}t} = f_1(t,x,y) \\ \dfrac{\mathrm{d}y}{\mathrm{d}t} = f_2(t,x,y) \end{cases}.$

MATLAB 命令窗口输入

```
>>syms x y t
>>A=[1,-1;1,1];
>>b=[-2*x+10*cos(t);-2*y+4*exp(-2*t)];
>>f=A\b
f =
    [-x+5*cos(t)-y+2*exp(-2*t)]
    [-y+2*exp(-2*t)+x-5*cos(t)]
```

(2) 建立函数文件 eg12_5.m

```
function f=eg12_5(t,y)
f=[-y(1)+5*cos(t)-y(2)+2*exp(-1*t);
   y(1)+2*exp(-2*t)-y(2)-5*cos(t)];
```

MATLAB 命令窗口输入

```
>>[T,Y]=ode45('eg12_5',[0,15],[2;0]);
>>figure(1)
>>plot(T,Y(:,1),'g-',T,Y(:,2),'r--')
>>legend('x(t)','y(t)',0)
```

图形如图 12-5 所示.

```
>>figure(2)
>>plot(Y(:,1),Y(:,2))
>>title('解轨迹')
```

图形如图 12-6 所示.

例 12-6　求古典范得堡微分方程 $\dfrac{\mathrm{d}^2 x}{\mathrm{d}t^2} - 2(1-x^2)\dfrac{\mathrm{d}x}{\mathrm{d}t} + x = 0$ 在初值 $x|_{t=0}=1$,$\dfrac{\mathrm{d}x}{\mathrm{d}t}\Big|_{t=0}$ $=0$ 时的数值解($t\in[0,30]$).

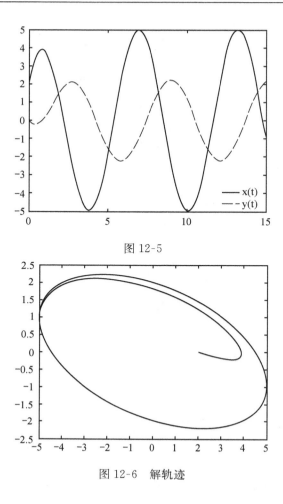

图 12-5

图 12-6　解轨迹

解　步骤：

(1) 令 $x_1 = x, x_2 = \dfrac{\mathrm{d}x}{\mathrm{d}t}$，将微分方程转化为方程组

$$\begin{cases} \dfrac{\mathrm{d}x}{\mathrm{d}t} = x_2 \\[2mm] \dfrac{\mathrm{d}x_2}{\mathrm{d}t} = 2(1-x_1^2)x_2 - x_1 \end{cases}$$

建立函数文件 eg12_6.m

```
function f=eg12_6(t,x)
f=[x(2);2*(1-x(1)^2)*x(2)-x(1)];
```

(2) 求数值解并画图

MATLAB 命令窗口输入

```
>>[T,X]=ode23('eg12_6',[0,30],[1;0]);
>>figure(1)
>>plot(T,X(:,1),'b-',T,X(:,2),'r--')
>>legend('x(t)','dx/dt')
```

如图 12-7 所示.

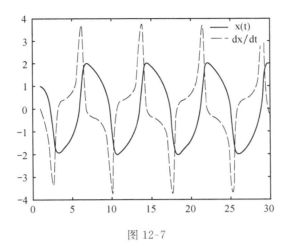

图 12-7

```
>>figure(2)
>>plot(X(:,1),X(:,2))
>>title('函数 v(x)')
```

如图 12-8 所示.

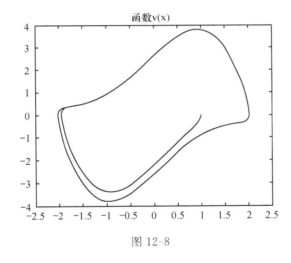

图 12-8

数值解输出结果较多,读者自行运行程序,观看命令空间数据结果.

12.3.3　综合应用

例 12-7　一链条悬挂在一钉子上,起动时一端离开钉子 8m,另一端离开钉子 12m,摩擦为链条 1m 长的重量,求链条滑下来所需要的时间.

解　分析:设时刻 t 时,链条较长的一端下滑 sm,并设链条的密度为 ρ,则向下拉链条的作用力

$$F = s\rho g - (20-s)\rho g - \rho g.$$

由牛顿第二定理知

$$F = ma,$$

即

$$20\rho \frac{\mathrm{d}^2 s}{\mathrm{d}t^2} = 2s\rho g - 21\rho g.$$

则

$$\frac{\mathrm{d}^2 s}{\mathrm{d}t^2} = \frac{g}{10}s - 1.05g.$$

由此得链条下滑初值问题

$$\begin{cases} \dfrac{\mathrm{d}^2 s}{\mathrm{d}t^2} = \dfrac{g}{10}s - 1.05g, \\[2mm] s\big|_{t=0} = 12, \quad \dfrac{\mathrm{d}s}{\mathrm{d}t}\Big|_{t=0} = 0. \end{cases}$$

MATLAB 软件求解步骤:

(1) 求初值问题符号解(位移、速度,取 $g=9.8\mathrm{m/s}^2$ 计算);

(2) 作位移及速度的图形,观察变化情况;

(3) 求链条全部滑落时的时间和速度.

MATLAB 命令窗口输入

```
>>syms t s
>>s=dsolve('D2s=9.8/10*s-1.05*9.8','s(0)=12','Ds(0)=0')
s =
    21/2+3/2*cosh(7/10*2^(1/2)*t)
>>v=diff(s)
v =
    21/20*sinh(7/10*2^(1/2)*t)*2^(1/2)
>>subplot(1,2,1)
>>ezplot(s,[0,3])
>>title('链条下滑位移图')
>>subplot(1,2,2)
>>ezplot(V,[0,3])
>>title('链条下滑速度图')
```

图形如图 12-9 所示.

```
>>f=finverse(s);
>>t=subs(f,'t','s')
t =
    5/7*acosh(-7+2/3*(s))*2^(1/2)
>>s=20;
>>T=eval(t)
```

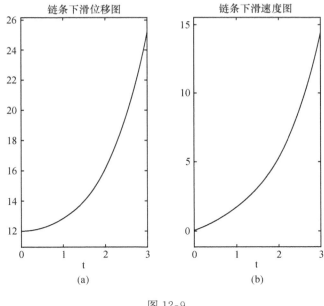

图 12-9

```
T =
    2.5584
>>vT=subs(v,'t',T)
vT =
9.2865
```

结果：(1) 位移函数 $s=\dfrac{3}{2}\mathrm{ch}\left(\dfrac{7\sqrt{2}}{10}t\right)+\dfrac{21}{2}$，速度函数 $v=\dfrac{21\sqrt{2}}{20}\mathrm{sh}\left(\dfrac{7\sqrt{2}}{10}t\right)$.

(2) 链条滑下来需要 2.5584s，链条滑下来时的速度是 9.2865m/s.

例 12-8　当机场跑道长度不足时，常常使用减速伞作为飞机的减速装置. 在飞机接触跑道开始着陆时，由飞机尾部张开一幅减速伞，利用空气对伞的阻力减少飞机的滑跑距离，保障飞机在较短的跑道上安全着陆.

(1) 一架重 4500kg 的歼陆机以 600km/h 的航速开始着陆，在减速伞的作用下滑跑 500m 后速度减为 100km/h. 设减速伞的阻力与飞机的速度成正比，并忽略飞机所受的其他外力，试计算减速伞的阻力系数.

(2) 将同样的减速伞装备在 9000kg 的重轰炸机上，现已知机场跑道长 1500m，若飞机着陆速度为 700km/h，问跑道长度能否保障飞机安全着陆？

解　分析问题(1)，设飞机质量为 m，飞机接触跑道开始时滑跑的距离为 $x(t)$，速度为 $v(t)$. 则减速伞的阻力为 $-kv(t)$（k 为阻力系数）. 由牛顿第二定律得运动方程

$$m\frac{\mathrm{d}v}{\mathrm{d}t}=-kv(t),$$

又有

$$\frac{\mathrm{d}v}{\mathrm{d}t}=\frac{\mathrm{d}v}{\mathrm{d}x}\cdot\frac{\mathrm{d}x}{\mathrm{d}t}=v\frac{\mathrm{d}v}{\mathrm{d}x},$$

因此问题(1)的初值问题是

$$\begin{cases} \dfrac{\mathrm{d}v}{\mathrm{d}x} = -\dfrac{k}{m} \\ v(0) = 600 \end{cases}.$$

求解步骤:

(1) 解速度函数 $v=v(x,m,k)$;

(2) 解反函数 $k=v^{-1}$;

(3) 由 $v=100, m=4500, x=500$ 计算 k.

MATLAB 命令窗口输入

```
>>syms m k v x
>>v=dsolve('Dv=-k/m','v(0)=600','x')
v =
   -k/m*x+600
>>f=finverse(v,k);
>>k=subs(f,'k','v')
k =
   -(-600+(v))*m/x
>>v=100;m=4500;x=0.5;
>>k=eval(k)
k =
   4500000
```

结果:减速伞的阻力系数是 $k=4.5\times10^6\,\mathrm{kg/h}$.

问题(2)的初值问题是 $\begin{cases} \dfrac{\mathrm{d}^2 x}{\mathrm{d}t^2} = -\dfrac{k}{m}\dfrac{\mathrm{d}x}{\mathrm{d}t} \\ x|_{t=0}=0, \quad \dfrac{\mathrm{d}x}{\mathrm{d}t}\Big|_{t=0}=700 \end{cases}.$

令 $x_1=x, \dfrac{\mathrm{d}x_1}{\mathrm{d}t}=x_2$,将二阶微分方程初值问题转化为状态方程

$$\begin{cases} \dfrac{\mathrm{d}x_1}{\mathrm{d}t}=x_2, & x_1(0)=0 \\ \dfrac{\mathrm{d}x_2}{\mathrm{d}t}=-\dfrac{k}{m}x_2, & x_2(0)=700 \end{cases}.$$

求解步骤:

(1) 用数值方法求状态方程的解 x_1,x_2;

(2) 搜索使 $x_2=0$ 的最小下标 n.

(3) 寻找 $t(n)$,即为所求.

建立函数文件 eg12_8.m

```
function f=eg12_8(t,x)
k=4500000;
```

```
m=9000;
f=[x(2);-k/m*x(2)];
```
MATLAB 命令窗口输入
```
>>[T,X]=ode23('eg12_8',[0,5/60],[0,700]);
>>n=find(X(:,2)<=0);
>>t=T(n(1))*60
t =
   2.8858
>>x=X(n(1),1)
x =
   1.4000
```
结果:质量为 9000kg 的重轰炸机以 700km/h 的速度着陆时,需要跑道长度为 1.4km($<$1.5km),此轰炸机可以安全着陆.

12.4　实　验　任　务

1. 用符号法求解下列微分方程,并绘制积分曲线:

(1) $\dfrac{\mathrm{d}y}{\mathrm{d}x}-\dfrac{2y}{x+1}=(x+1)^{\frac{5}{2}}$;　　　　(2) $\begin{cases}\dfrac{\mathrm{d}y}{\mathrm{d}x}+y=y^2(\cos x-\sin x)\\[2mm]y|_{x=0}=1\end{cases}$;

(3) $x^3\dfrac{\mathrm{d}^3y}{\mathrm{d}x^3}+x^2\dfrac{\mathrm{d}^2y}{\mathrm{d}x^2}-4x\dfrac{\mathrm{d}y}{\mathrm{d}x}=3x^2$;　(4) $\begin{cases}\dfrac{\mathrm{d}^2x}{\mathrm{d}t^2}+2\dfrac{\mathrm{d}y}{\mathrm{d}t}-x=0,\quad x|_{t=0}=1,\\[2mm]\dfrac{\mathrm{d}x}{\mathrm{d}t}+y=0,\qquad\qquad y|_{t=0}=0\end{cases}$.

2. 用数值法求解下列微分方程,并作积分曲线:

(1) $\begin{cases}\dfrac{\mathrm{d}y}{\mathrm{d}x}+\dfrac{y}{x}=\dfrac{\sin x}{x},\quad x\in[\pi,4\pi];\\[2mm]y|_{x=\pi}=1\end{cases}$

(2) $\begin{cases}x^2\dfrac{\mathrm{d}^2y}{\mathrm{d}x^2}-x\dfrac{\mathrm{d}y}{\mathrm{d}x}+y=x\ln x\\[2mm]y|_{x=1}=1,\quad\dfrac{\mathrm{d}y}{\mathrm{d}x}\Big|_{x=1}=1\end{cases},\quad x\in[1,20];$

(3) $\begin{cases}\dfrac{\mathrm{d}^2y}{\mathrm{d}t^2}+\dfrac{1}{2}\cdot\dfrac{\mathrm{d}y}{\mathrm{d}t}+\sin y=0\\[2mm]y|_{t=0}=a(a=-1,-0.5,0.5,1),\quad\dfrac{\mathrm{d}y}{\mathrm{d}t}\Big|_{t=0}=0\end{cases},\quad t\in[0,15];$

$$(4) \begin{cases} \dfrac{\mathrm{d}x}{\mathrm{d}t}=-\dfrac{8}{3}x+yz, & x(0)=0 \\[2mm] \dfrac{\mathrm{d}y}{\mathrm{d}t}=-10y+10z, & y(0)=0, \quad t\in[0,50]. \\[2mm] \dfrac{\mathrm{d}z}{\mathrm{d}t}=-xy+28y-z, & z(0)=0.1 \end{cases}$$

3. 如图 12-10 所示,位于 Ox 轴上 A 点处的我海岸缉私船,发现在原点 O 处的走私船,正以其最大速度 v_0 沿 Oy 轴方向逃窜.我缉私船迅速追踪,目标始终对准走私船,且其速度为 v_1.问我缉私船多长时间内可抓住走私船? 假设 $x_0=3\,\mathrm{km}$,$v_0=0.4\,\mathrm{km/min}$,分别 $v_1=0.60\,\mathrm{km/min}$,$0.8\,\mathrm{km/min}$,$1.0\,\mathrm{km/min}$,$1.2\,\mathrm{km/min}$ 时,作追踪路线的图形.

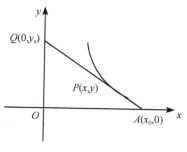

图 12-10

4. 有一段时间,美国原子能委员会将放射性核废料装在密封的圆桶里扔到水深为 91.44m 的海里,生态学家和科学家担心这种做法不安全而提出疑问,美国原子能委员会向他们保证,圆桶绝不会破漏.经过周密的试验,证明圆桶的密封性是很好的.但工程师们又问:是否会因与海底碰撞而发生破裂? 美国原子能委员会说:绝不会.但工程师们不放心,他们进行了大量实验后发现:当圆桶的速度超过 12.2m/s 时,圆桶会因碰撞而破裂.那么圆桶到达海底时的速度到底是多少呢? 它会因碰撞而破裂吗? 已知当时美国装满核废料的圆桶的重量是 239.2450kg,圆桶下沉时所受的浮力为 2090.735N,阻力系数为 0.08.

5. 一条游船上有 800 人,一名游客患了某种传染病,12h 后有 3 人发病.由于这种传染病没有早期症状,故感染者不能被及时隔离.直升机将在 60～72h 将疫苗运到,试估计疫苗运到时患此传染病的人数,评价你所得到的结果.

实验 13　矩阵及其运算

13.1　实 验 目 的

（1）学习矩阵的创建，使用和保存.
（2）熟练掌握矩阵和数组的运算.
（3）了解并初步掌握矩阵元素的标识和提取方法.

13.2　预 备 知 识

13.2.1　矩阵定义

$m \times n$ 个数排成 m 行 n 列的数表

$$A = \begin{bmatrix} a_{11} & a_{12} & \cdots & a_{1n} \\ a_{21} & a_{22} & \cdots & a_{2n} \\ \vdots & \vdots & & \vdots \\ a_{m1} & a_{m2} & \cdots & a_{mn} \end{bmatrix},$$

称为一个 m 行 n 列的矩阵.

13.2.2　矩阵的线性运算

1. 矩阵的加减法
设 $A = (a_{ij})_{m \times n}$，$B = (b_{ij})_{m \times n}$，则 $A \pm B = (a_{ij} \pm b_{ij})_{m \times n}$.

2. 数乘矩阵
设数 λ，则 $\lambda A = (\lambda a_{ij})_{m \times n}$.

3. 矩阵的乘法
设 $A = (a_{ij})_{m \times s}$，$B = (b_{ij})_{s \times n}$，则 $C = AB = (c_{ij})_{m \times n}$，其中 $c_{ij} = \sum_{k=1}^{s} a_{ik} b_{kj}$.

4. 矩阵的转置
若 $A = (a_{ij})_{m \times n}$，则 A 的转置矩阵为

$$A^{\mathrm{T}} = \begin{bmatrix} a_{11} & a_{21} & \cdots & a_{m1} \\ a_{12} & a_{22} & \cdots & a_{m2} \\ \vdots & \vdots & & \vdots \\ a_{1n} & a_{2n} & \cdots & a_{mn} \end{bmatrix}.$$

13.2.3 矩阵的逆

若 n 阶方阵 A，B 满足 $AB = BA = E$，则 $B = A^{-1}$.

13.3 实 验 内 容

13.3.1 矩阵的创建

（一）直接输入法

基本规则：

(1) 矩阵以"[ ]"为首尾标识，矩阵的元素包含在方括号内；

(2) 行与行间用"；"或 Enter 键分隔；

(3) 每行中的元素用"，"或空格分隔；

(4) 矩阵中的元素可以是数字，也可以是表达式.

例 13-1 用直接输入法创建矩阵

$$A = \begin{bmatrix} 1 & 2 & 3 \\ 8 & 0 & 5 \\ 2 & 4 & 6 \end{bmatrix}.$$

解 方法一

MATLAB 命令窗口输入

```
>>A=[1 2 3;8 0 5;2 4 6]
A =
    1    2    3
    8    0    5
    2    4    6
```

方法二

MATLAB 命令窗口输入

```
>>x=2;
>>A=[sin(pi/2)x 3
    x^3 0 5
    x 2*x 3*x]
A =
    1    2    3
    8    0    5
    2    4    6
```

（二）矩阵编辑器创建

操作方法如下：

(1) MATLAB 命令窗口，预定义一个空阵，如

>>B=[ ];

（2）打开工作空间的浏览器. 点击下拉菜单 View→Workspace，窗口内显示此刻
MATLAB 系统内的所有变量（图 13-1）.

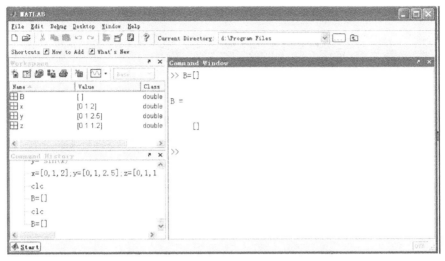

图 13-1

（3）打开矩阵编辑器（Array Editor）. 选中变量 B，双击 B（或单击 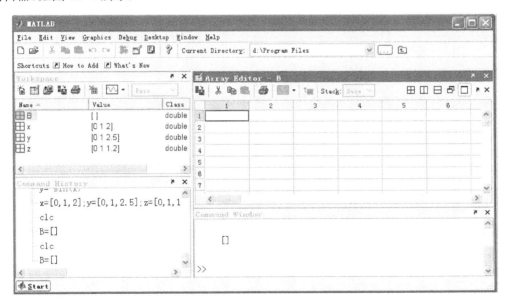），则打开 B 的
编辑器，如图 13-2 所示.

图 13-2

（4）逐格填写元素，直至完成，关闭对话框（图 13-3）.

MATLAB 命令窗口查看矩阵 B

>>B

B =

```
    1       3
    5       8
   45      11
```

运用上述方法,也可以修改矩阵的元素和改变矩阵的维数.

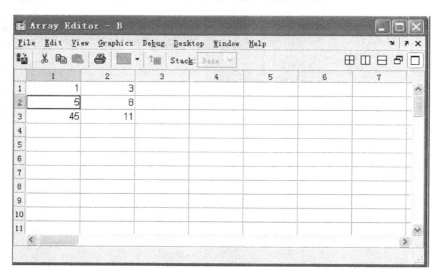

图 13-3

（三）从外部数据文件调入

1. 工作空间调入

操作方法:

（1）将工作空间变量保存为数据文件.选中工作空间需保存的变量,点击 File→Save（或点鼠标右键,点 Save As）,（或点鼠标右键,点 Save As）保存.如已建立的矩阵 A,B 保存为数据文件 eg13_1.mat.

（2）将数据文件调入工作空间.工作空间点击 Impor Data（或命令窗口点击File→Impor Data）,打开 open 对话框,选择待装载的数据文件,单击"打开 Finish"按钮）.

如装载 A,B 矩阵到工作空间,MATLAB 命令窗口输入

```
>>clear
```

将数据文件 eg13_1.mat 调入工作空间.

```
>>A
A =
    1    2    3
    8    0    5
    2    4    6
>>B
B=
```

```
    1    3
    2    5
   -1    6
```

2. 命令调入

表 13-1 是变量存取函数表.

表 13-1　变量存取函数

命令格式	功　　能
save fun·mat	把全部变量保存到 fun.mat 文件中
save fun·mat A B	把变量 A,B 保存 fun.mat 文件中
load fun·mat	把 fun 文件中的全部变量装入工作空间
load fun·mat A B	将 fun 文件中的变量 A,B 装入工作空间

例 13-2　创建矩阵

$$\boldsymbol{C}=\begin{bmatrix}2 & 5 & 6\\7 & 8 & 9\end{bmatrix},\quad \boldsymbol{D}=\begin{bmatrix}3 & -1 & 2\\0 & 6 & 1\end{bmatrix},\quad \boldsymbol{F}=\begin{bmatrix}2 & 4\\5 & 7\end{bmatrix}.$$

（1）将矩阵 $\boldsymbol{C},\boldsymbol{D},\boldsymbol{F}$ 保存到同一 m 文件中，并将 $\boldsymbol{C},\boldsymbol{D}$ 保存到 mat 文件中；

（2）清除工作空间所有变量，重新将 $\boldsymbol{C},\boldsymbol{D}$ 调入工作空间.

解　打开 m 文件编辑器编写 eg13_2.m 文件

```
C=[2 5 6;7 8 9]
D=[3 -1 2;0 6 1]
F=[2 4;5 7]
save eg13_2.mat C D
```

MATLAB 命令窗口输入

```
>>clear
>>load eg13_2.mat C D
>>C
C =
    2    5    6
    7    8    9
>>D
D =
    3   -1    2
    0    6    1
```

（四）函数创建特殊矩阵

表 13-2 是特殊矩阵函数表.

表 13-2　特殊矩阵函数

函　　数	功　　能
eye(n)(eye(m,n))	生成 $n(m\times n)$ 阶单位矩阵
zeros(n)(zeros(m,n))	生成 $n(m\times n)$ 阶元素全为 0 的零矩阵
ones(n)(ones(m,n))	生成 $n(m\times n)$ 阶元素全为 1 的矩阵
rand(n)(rand(m,n))	生成 $n(m\times n)$ 阶元素服从 0—1 之间均匀分布的随机矩阵
randn(n)(randn(m,n))	生成 $n(m\times n)$ 阶元素服从均值为 0,方差为 1 的正态分布的随机矩阵
[]	空矩阵

13.3.2　矩阵的寻访与赋值

表 13-3 是矩阵寻访规则和赋值格式表.

表 13-3　矩阵寻访规则和赋值格式

格　　式	功　　能
A(r,c)	访问矩阵 A 的由 r 指定行下标,c 指定列下标的子矩阵
A(r,:)	访问矩阵 A 的由 r 指定的行构成的子矩阵
A(:,c)	访问矩阵 A 的由 c 指定的列所构成的子矩阵
A(:)	单下标全元素寻访.由 A 的各列从左至右首尾相连接构成的列矩阵
A(s)	单下标寻访,生成向量 s 指定元素的子矩阵
A(r,c)=B	对于子矩阵 $A(r,c)$ 赋值,$A(r,c)$ 与 B 的行数相等,列数相等
A(s)=B	按单下标,对 A 的部分元素进行赋值

例 13-3　设矩阵 $A=\begin{bmatrix} 2 & 3 & 4 \\ 5 & 6 & 7 \end{bmatrix}$,

(1) 取 A 的第 1 行,第 2,3 列元素构成子矩阵 A_1;

(2) 取 A 的第 2 行元素构成子矩阵 A_2;

(3) 取 A 的第 3 列元素构成子矩阵 A_3;

(4) 将 A 的 1,2,3 列顺序组成列矩阵 A_4;

(5) 设行向量 $s=[2\ 3\ 5\ 6]$,取 A 的由 s 确定位置的元素组成的行向量 A_5;

(6) 设 $B=\begin{bmatrix} 0 & 0 \\ 0 & 0 \end{bmatrix}$,将 A 的由 s 确定位置的元素赋值为 B 的元素,构成矩阵 A_6;

(7) 将 A 的第 1,3 列的元素重新赋值为 B 的元素构成矩阵 A_7;

(8) 构造矩阵 A_8,其左上角是矩阵 A,(3,3)元为 1,(3,1),(3,2)元为 0;

(9) 删除矩阵 A 的第 2 列,组成矩阵 A_9.

解　MATLAB 命令窗口输入

```
>>A=[2 3 4;5 6 7]
A =
   2   3   4
   5   6   7
>>A1=A(1,[2 3])
A1 =
   3   4
```

```
>>A2=A(2,:)
A2 =
    5    6    7
>>A3=A(:,3)
A3 =
    4
    7
>>A4=A(:)
A4 =
    2
    5
    3
    6
    4
    7
>>s=[2 3 5 6];
>>A5=A(s)
A5 =
    5    3    4    7
>>B=zeros(2);
>>A6=A; A6(s)=B
A6 =
    2    0    0
    0    6    0
>>A7=A;A7(:,[1 3])=B
%(MATLAB6.5,MATLAB7.1改为:A7(:,[1 3])=[B B])
A7 =
    0    3    0
    0    6    0
>>A8=A;A8(3,3)=1
A8 =
    2    3    4
    5    6    7
    0    0    1
>>A9=A;A9(:,2)=[]
A9 =
    2    4
    5    7
```

13.3.3 矩阵的操作

表 13-4 是矩阵操作函数表.

表 13-4　矩阵操作函数

命　令	功　能
diag	提取对角线上的元素,或生成对角阵
flipud	以矩阵"水平中线"为对称轴,交换上下对称位置元素
fliplr	以矩阵"垂直中线"为对称轴,交换左右对称位置元素
repmat	按指定的"行数","列数"辅放矩阵
reshape	按总元素不变的前提下,改变矩阵的"行数","列数"
tril	取矩阵下三角部分元素,生成下三角阵
triu	取矩阵上三角部分元素,生成上三角阵

例 13-4　已知向量 $A=[1,2,3,4,5,6,7,8,9]$,(1)将 A 的元素重新排序为 3 行 3 列,组成矩阵 B;(2)将 B 的第一行与第三列互换生成矩阵 C;(3)将 B 的第一列与第三列互换生成矩阵 D;(4)提取 B 的对角线元素组成矩阵 E;(5)组成由 E 的元素为对角线上元素的对角形矩阵 F;(6)将矩阵 B 水平辅放 3 次,组成 3×18 矩阵 G;(7)提取 B 的下三角部分元素生成下三角矩阵 L;(8)提取 B 的上三角部分元素生成上三角矩阵 U;(9)生成 3×6 阶矩 Q,其中第三列由矩阵 B 组成,后三列由单位矩阵组成;(10)生成 6×3 矩阵 W,其中前三行由矩阵 B 组成,后三行由元素全为 1 的矩阵组成.

解　MALAB 命令窗口输入

```
>>A=1:9
A =
    1    2    3    4    5    6    7    8    9
>>B=reshape(A,3,3)
B =
    1    4    7
    2    5    8
    3    6    9
>>C=flipud(B)
C =
    3    6    9
    2    5    8
    1    4    7
>>D=fliplr(B)
D =
    7    4    1
    8    5    2
```

```
      9      6      3
>>E=diag(B)
E =
      1
      5
      9
>>F=diag(E)
F =
      1      0      0
      0      5      0
      0      0      9
>>G=repmat(B,1,3)
G =
      1      4      7      1      4      7      1      4      7
      2      5      8      2      5      8      2      5      8
      3      6      9      3      6      9      3      6      9
>>L=tril(B)
L =
      1      0      0
      2      5      0
      3      6      9
>>U=triu(B)
U =
      1      4      7
      0      5      8
      0      0      9
>>Q=[B eye(3)]
Q =
      1      4      7      1      0      0
      2      5      8      0      1      0
      3      6      9      0      0      1
>>W=[B;ones(3)]
W =
      1      4      7
      2      5      8
      3      6      9
      1      1      1
      1      1      1
      1      1      1
```

表 13-5 是矩阵的维数与查找函数表.

表 13-5 矩阵的维数与查找函数

命 令	功 能
size(A)	给出矩阵 A 的维数
length(A)	给出矩阵 A 中的最大长度,等价于 $\max(\text{size}(A))$
find(A)	寻找非零元素下标

例 13-5 已知矩阵 $A = \begin{bmatrix} -4 & 0 & 0 \\ 0 & -5 & 7 \end{bmatrix}$,(1)求 A 的行数与列数;(2)求 A 的最大维数;(3)寻找 A 的非零元素的单下标;(4)寻找 A 的非零元素的双下标;(5)寻找 A 的绝对值大于 4 的元素的下标;(6)取矩阵 A 对应于;(7)的元素组成的子矩阵 B.

解 MATLAB 命令窗口输入

```
>>A=[-4 0 0 ;0 -5 7]
A =
   -4    0    0
    0   -5    7
>>n=size(A)
n =
    2    3
>>m=length(A)
m =
    3
>>l=find(A)
l =
    1
    4
    6
>>[r,c]=find(A)
r =
    1
    2
    2
c =
    1
    2
    3
>>s=find(abs(A)>4)
s =
    4
```

```
    6
>>B=A(s)
B =
   -5
    7
```

结果:矩阵 A 的行数是 2,列数是 3;最大维数是 3;A 的非零元素单下标为 $1,4,6$;双下标位置是 $(1,1),(2,2),(2,3)$;A 的绝对值大于 4 的元素的下标是 $4,6$ 元;组成的子矩阵为 $\boldsymbol{B} = \begin{bmatrix} -5 \\ 7 \end{bmatrix}$.

13.3.4　数组、矩阵的运算

MATLAB 同时提供矩阵和数组两种类型的数据,矩阵是数组的一种特例,即二维数值型数组.矩阵的运算是从矩阵的整体出发,表示一种线性变换关系;而数组运算则是从单个元素出发,针对每个元素进行运算(表 13-6).

表 13-6　矩阵运算与数组运算对照

矩　阵	运　算	数　组	运　算
A'	矩阵 A 的共轭转置	A.'	数组 A 的非共轭转置
k * A	标量 k 与矩阵 A 的各元素之积	k. * A	标量 k 分别与数组 A 的元素之积
A^n	矩阵 A 自乘 n 次	A.^n	数组 A 的每个元素自乘 n 次
A^p	矩阵 A 的非整数 p 乘方	A.^p	数组 A 的各元素分别求非整数幂
p^A	A 为方阵时,标量 p 的矩阵乘方	p.^A	以 p 为底,分别以 A 的元素为指数求幂值
A±B	矩阵相加(减)	A±B	数组 A 和 B 对应元素相加(减)
A * B	内维相同的矩阵相乘	A. * B	数组 A 和 B 的对应元素相乘
A/B(B\A)	矩阵 A 右(左)除矩阵 B	A./B(B.\A)	A 的元素被 B 的元素除
det(A)	求矩阵 A 的行列式值		
inv(A)	方阵 A 的逆矩阵		

例 13-6　解矩阵方程 $\boldsymbol{AX} + 2\boldsymbol{X} = \boldsymbol{A}^2 - 4\boldsymbol{E}$,其中

$$\boldsymbol{A} = \begin{bmatrix} 7 & 3 & -1 \\ 2 & 5 & 8 \\ -2 & 9 & 4 \end{bmatrix}.$$

解　$\boldsymbol{X} = (\boldsymbol{A} + 2\boldsymbol{E})^{-1}(\boldsymbol{A}^2 - 4\boldsymbol{E})$.

MATLAB 命令窗口输入

```
>>A=[7 3 -1;2 5 8;-2 9 4];
>>E=eye(3);
>>X=inv(A+2*E)*(A^2-4*E)
X =
   5.0000    3.0000   -1.0000
```

$$
\begin{array}{rrr}
2.0000 & 3.0000 & 8.0000 \\
-2.0000 & 9.0000 & 2.0000
\end{array}
$$

13.3.5　综合应用

例 13-7　拥有 10000 名士兵的红军与拥有 5000 名士兵的蓝军进行军事演习,红军的杀伤力是 0.1/次,蓝军的杀伤力是 0.15/次,试模拟战斗结果.

解　设第 n 次交锋的红军士兵人数为 x_{1n},蓝军士兵人数是 x_{2n},记 $\boldsymbol{X}_n = \begin{pmatrix} x_{1n} \\ x_{2n} \end{pmatrix}$.由题意得数学模型

$$
\begin{array}{l}
x_{1,n+1}=x_{1,n}-0.15x_{2,n} \\
x_{2,n+1}=x_{2,n}-0.1x_{1,n}
\end{array}
\Rightarrow
\begin{bmatrix} x_{1,n+1} \\ x_{2,n+1} \end{bmatrix}
=\begin{bmatrix} 1 & -0.15 \\ -0.1 & 1 \end{bmatrix}
\begin{bmatrix} x_{1,n} \\ x_{2,n} \end{bmatrix},
$$

即

$$
\boldsymbol{X}_{n+1}=\begin{bmatrix} 1 & -0.15 \\ -0.1 & 1 \end{bmatrix}\boldsymbol{X}_n.
$$

初值:$x_{10}=10000,x_{20}=8000$.

MATLAB 命令窗口输入

```
>>A=[1 -0.15;-0.1 1];
>>X=[10000;5000];
>>Y=X;
>>while X(1)>0&X(2)>0
        X=A*X;
        Y=[Y X];
end
>>Y
Y =
   1.0e+004 *
    1.0000    0.9250    0.8650    0.8189    0.7857
    0.7649    0.7558
    0.5000    0.4000    0.3075    0.2210    0.1391
    0.0605   -0.0159
```

表 13-7 是两军战斗动态表.

经过 6 次交战,蓝军士兵人数已出现负值,红军还有 7558 名士兵,本场战斗红军获胜(表 13-7).

表 13-7　两军战斗动态

次数 军队	0	1	2	3	4	5	6
红	10000	9250	8650	8189	7857	7649	7558
蓝	5000	4000	3075	2210	1391	605	0

13.4　实验任务

1. 在 M 文件编辑器中建立 M 文件.
(1) 输入矩阵

$$A = \begin{bmatrix} 3 & 5 & 7 \\ 6 & 1 & 2 \\ -8 & 9 & 13 \end{bmatrix}, \quad B = \begin{bmatrix} 1 & -4 & 6 \\ 2 & 9 & 4 \\ 7 & 3 & -2 \end{bmatrix};$$

(2) 计算 $A+B, A-B, AB, A\backslash B, A/B$；
(3) 保存矩阵 A, B 为 mat 文件.

2. (1)清除工作空间变量；(2)调入 1 题中的矩阵 A, B；(3)运用数组运算法则对 A, B 进行四则运算，并与 1 题的结果比较.

3. 对 1 题的矩阵 A, B
(1) 将 A, B 扩展为 3×6 的矩阵 C 与 6×3 的矩阵 D；
(2) 提取 A 的 1 行 3 列元素，赋值为 0；
(3) 提取 A 的 第 2,3 行，1,3 列元素构成子矩阵 A_1；
(4) 建立与 A 同阶的单位矩阵 I,1 矩阵 E,零矩阵 O；
(5) 删除 A 的第 2 行元素，构成子矩阵 A_2；
(6) 将 A 扩展为 4×4 矩阵 A_3，其中第 4 列元素全为 10，其余第 4 行元素全为 0.

4. 设 $(2E-L^{-1}U)X^{\mathrm{T}}=L^{\mathrm{T}}$ 其中 E 为 4 阶单位矩阵，L 为矩阵 A 的下三角矩阵，U 为 A 的上三角矩阵，X^{T} 是 4 阶方阵 X 的转置，求矩阵 X.

$$A = \begin{bmatrix} 7 & -4 & 8 & -1 \\ -1 & 3 & 5 & -6 \\ 2 & 3 & 9 & 10 \\ 5 & 7 & 2 & 9 \end{bmatrix}$$

5. 1 万人的 A 军和 8000 人的 B 军相遇，A 军的杀伤力是 0.1 天$^{-1}$，B 军的杀伤力是 0.12 天$^{-1}$.战斗 3 天后，A 军中有 500 官兵投降和被俘，战斗 6 天后，B 军获得 1500 个士兵的增援，预测这场战斗的结果.

6. 在 ABO 血型的人们中，对各种群体的基因的频率进行了研究.如果我们把四种等位基因 A_1, A_2, B, O 区别开，有如下相对频率，见表 13-8.

表 13-8　等位基因相对频率

基　因	爱斯基摩人 f_{1i}	班图人 f_{2i}	英国人 f_{3i}	朝鲜人 f_{4i}
A_1	0.2914	0.1034	0.2090	0.2208
A_2	0.0000	0.0866	0.0696	0.0000
B	0.0316	0.1200	0.0612	0.2069
O	0.6770	0.6900	0.6602	0.5723

讨论一个群体与另一个群体的接近程度.

实验 14　线性方程组及二次型

14.1　实 验 目 的

(1) 学习用软件判断向量组的线性相关性.

(2) 熟练掌握线性方程组的多种解法.

(3) 掌握用软件将二次型化为标准型的方法.

14.2　预 备 知 识

14.2.1　向量组的线性相关性

(一) 线性组合

1. 定义

给定向量组 $A:\boldsymbol{\alpha}_1,\boldsymbol{\alpha}_2,\cdots,\boldsymbol{\alpha}_m$ 和向量 $\boldsymbol{\beta}$,如果存在一组数 $\lambda_1,\lambda_2,\cdots,\lambda_m$,使

$$\boldsymbol{\beta}=\lambda_1\boldsymbol{\alpha}_1+\lambda_2\boldsymbol{\alpha}_2+\cdots+\lambda_m\boldsymbol{\alpha}_m,$$

则称向量 $\boldsymbol{\beta}$ 是向量组 A 的线性组合,或称向量 $\boldsymbol{\beta}$ 能由向量组 A 线性表示.

2. 判别方法

向量 $\boldsymbol{\beta}$ 能由向量组 A 的线性表示的充分必要条件是:矩阵 $\boldsymbol{A}=[\boldsymbol{\alpha}_1,\boldsymbol{\alpha}_2,\cdots,\boldsymbol{\alpha}_m]$的秩等于矩阵 $\boldsymbol{B}=[\boldsymbol{\alpha}_1,\boldsymbol{\alpha}_2,\cdots,\boldsymbol{\alpha}_m,\boldsymbol{\beta}]$ 的秩.

(二) 线性相关性

1. 定义

向量组 $A:\boldsymbol{\alpha}_1,\boldsymbol{\alpha}_2,\cdots,\boldsymbol{\alpha}_m$,如果存在不全为零的数 $k_1,k_2,\cdots,k_m$,使

$$k_1\boldsymbol{\alpha}_1+k_2\boldsymbol{\alpha}_2+\cdots+k_m\boldsymbol{\alpha}_m=0,$$

则称向量组 A 是线性相关的,否则称它线性无关.

2. 判别方法

向量组 $\boldsymbol{\alpha}_1,\boldsymbol{\alpha}_2,\cdots,\boldsymbol{\alpha}_m$ 线性相关的充分必要条件是:它构成的矩阵 $\boldsymbol{A}=[\boldsymbol{\alpha}_1,\boldsymbol{\alpha}_2,\cdots,\boldsymbol{\alpha}_m]$的秩 $R(\boldsymbol{A})<m$;向量组线性无关的充分必要条件是 $R(\boldsymbol{A})=m$.

14.2.2　线性方程组的解

1. 齐次线性方程组

齐次线性方程组 $\boldsymbol{AX}=\boldsymbol{0}$ 有非零解的充分必要条件是:系数矩阵 $\boldsymbol{A}$ 的秩 $r<n$. 其基础解系为

$$\boldsymbol{\xi}_1 = \begin{pmatrix} b_{11} \\ \vdots \\ b_{1r} \\ 1 \\ 0 \\ \vdots \\ 0 \end{pmatrix}, \quad \boldsymbol{\xi}_2 = \begin{pmatrix} b_{21} \\ \vdots \\ b_{2r} \\ 0 \\ 1 \\ \vdots \\ 0 \end{pmatrix}, \quad \boldsymbol{\xi}_{n-r} = \begin{pmatrix} b_{n-1,1} \\ \vdots \\ b_{n-r,r} \\ 0 \\ 0 \\ \vdots \\ 1 \end{pmatrix}.$$

通解是 $\boldsymbol{X} = k_1\boldsymbol{\xi}_1 + k_2\boldsymbol{\xi}_2 + \cdots + k_{n-r}\boldsymbol{\xi}_{n-r}$ $(k_1, k_2\cdots, k_{n-r}$ 不全为 0).

2. 非齐次线性方程组

非齐次方程组 $\boldsymbol{AX} = \boldsymbol{b}$ 有解的充分必要条件是：系数矩阵的秩等于增广矩阵的秩，即 $R(\boldsymbol{A}) = R(\overline{\boldsymbol{A}}) = r$. 若 $r = n$，则 $\boldsymbol{AX} = \boldsymbol{b}$ 有唯一解；若 $r < n$，则 $\boldsymbol{AX} = \boldsymbol{b}$ 有无穷多解，通解是

$$\boldsymbol{X} = k_1\boldsymbol{\xi}_1 + k_2\boldsymbol{\xi}_2 + \cdots + k_{n-r}\boldsymbol{\xi}_{n-r} + \boldsymbol{\eta},$$

其中 $\boldsymbol{\xi}_1, \boldsymbol{\xi}_2, \cdots, \boldsymbol{\xi}_{n-r}$ 是 $\boldsymbol{AX} = \boldsymbol{0}$ 的一个基础解系，$\boldsymbol{\eta}$ 是 $\boldsymbol{AX} = \boldsymbol{b}$ 的一个特解.

14.2.3　方阵的对角化

1. 特征值与特征向量

设 A 是 n 阶方阵，如果数 λ 和 n 维非零列向量 x，使关系式

$$\boldsymbol{Ax} = \lambda\boldsymbol{x}$$

成立，则称 λ 为 $\boldsymbol{A}$ 的特征值，x 为 $\boldsymbol{A}$ 的对应于特征值 λ 的特征向量.

2. 相似矩阵

定义　设 $\boldsymbol{A}$、$\boldsymbol{B}$ 都是 n 矩阵，若有可逆矩阵 $\boldsymbol{P}$，使

$$\boldsymbol{P}^{-1}\boldsymbol{AP} = \boldsymbol{B},$$

则称 $\boldsymbol{B}$ 是 $\boldsymbol{A}$ 的相似矩阵，或说矩阵 $\boldsymbol{A}$ 与 $\boldsymbol{B}$ 相似.

3. 方阵 $\boldsymbol{A}$ 可对角化的判别方法

n 阶方阵 $\boldsymbol{A}$ 与对角矩阵相似的充分必要条件是：$\boldsymbol{A}$ 有 n 个线性无关的特征向量.

14.2.4　二次型

1. 二次型的标准化

任给二次型 $f = \sum\limits_{i,j=1}^{n} a_{ij}x_ix_j$ $(a_{ij} = a_{ji})$，总有正交变换 $\boldsymbol{X} = \boldsymbol{PY}$，使 f 化为标准形

$$f = \lambda_1 y_1^2 + \lambda_2 y_2^2 + \cdots + \lambda_n y_n^2$$

其中，$\lambda_1, \lambda_2, \cdots, \lambda_n$ 是 f 的矩阵 $\boldsymbol{A} = (a_{ij})$ 的特征值.

2. 正定二次型的判断

二次型 $f = \sum\limits_{i,j=1}^{n} a_{ij}x_ix_j$ $(a_{ij} = a_{ji})$ 正定的充分必要条件是：f 的矩阵 $\boldsymbol{A}$ 的特征值全大于零.

14.3　实　验　内　容

14.3.1　向量组的秩及线性相关性

表 14-1 是求矩阵的秩与行简化函数表.

表 14-1　矩阵的秩与行简化函数

函　数	功　能
rank(A)	求矩阵 A 的秩
rref(A)	化矩阵 A 为行简化阶梯形

例 14-1　设向量组 A

$$\boldsymbol{\alpha}_1 = \begin{bmatrix} 2 \\ 1 \\ 4 \\ 3 \end{bmatrix}, \quad \boldsymbol{\alpha}_2 = \begin{bmatrix} -1 \\ 1 \\ -6 \\ 6 \end{bmatrix}, \quad \boldsymbol{\alpha}_3 = \begin{bmatrix} -1 \\ -2 \\ 2 \\ -9 \end{bmatrix}, \quad \boldsymbol{\alpha}_4 = \begin{bmatrix} 1 \\ 1 \\ -2 \\ 7 \end{bmatrix}, \quad \boldsymbol{\alpha}_5 = \begin{bmatrix} -2 \\ 4 \\ 4 \\ 9 \end{bmatrix}.$$

（1）求 A 的秩，并判断向量组 A 是否线性相关；

（2）求 A 的一个极大无关组；

（3）将其余向量用极大无关组线性表示.

解　MATLAB 命令窗口输入

```
>>a=[2 1 4 3;-1 1 -6 6;-1 -2 2 -9;1 1 -2 7;2 4 4 9];
>>A=a';
>>r=rank(A)
r=
   3
>>B=rref(A)
B=
   1      0      -1      0      4
   0      1      -1      0      3
   0      0       0      1     -3
   0      0       0      0      0
```

结果：（1）矩阵 A 的秩 $r=3$；原向量组 A 的秩也是 3，向量组 A 线性相关；

（2）行简化阶梯形矩阵 B 的第 1 列，第 2 列，第 4 列三个列向量线性无关，所以对应于矩阵 A 的 1,2,4 个向量线性无关，即向量组 A 的一个极大无关组是 $\boldsymbol{\alpha}_1, \boldsymbol{\alpha}_2, \boldsymbol{\alpha}_4$；

（3）$\boldsymbol{\alpha}_3, \boldsymbol{\alpha}_5$ 分别由极大无关组表示为

$$\boldsymbol{\alpha}_3 = -\boldsymbol{\alpha}_1 - \boldsymbol{\alpha}_2, \quad \boldsymbol{\alpha}_5 = 4\boldsymbol{\alpha}_1 + 3\boldsymbol{\alpha}_2 - 3\boldsymbol{\alpha}_4.$$

14.3.2 线性方程组

（一）齐次线性方程组 $AX=0$

表 14-2 是基础解系函数表.

表 14-2 基础解系函数

函　　数	功　　能
null(A)	求系数矩阵为 A 的基础解系

例 14-2 求齐次线性方程组

$$\begin{cases} 2x_1 + x_2 + 3x_3 + 5x_4 - 5x_5 = 0 \\ x_1 + x_2 + x_3 + 4x_4 - 3x_5 = 0 \\ 3x_1 + x_2 + 5x_3 + 6x_4 - 7x_5 = 0 \end{cases}$$

的基础解系和通解.

解　MATLAB 命令窗口输入

```
>>A=[2 1 3 5 -5;1 1 1 4 -3;3 1 5 6 -7];
>>B=null(A,'r')    % 返回基础解系的有理格式
B=
   -2      -1       2
    1      -3       1
    1       0       0
    0       1       0
    0       0       1
```

结果：基础解系

$$\boldsymbol{\xi}_1 = \begin{bmatrix} -2 \\ 1 \\ 1 \\ 0 \\ 0 \end{bmatrix}, \quad \boldsymbol{\xi}_2 = \begin{bmatrix} -1 \\ -3 \\ 0 \\ 1 \\ 0 \end{bmatrix}, \quad \boldsymbol{\xi}_3 = \begin{bmatrix} -2 \\ 1 \\ 0 \\ 0 \\ 1 \end{bmatrix}.$$

通解

$$\boldsymbol{X} = k_1 \boldsymbol{\xi}_1 + k_2 \boldsymbol{\xi}_2 + k_3 \boldsymbol{\xi}_3,$$

其中，$k_1, k_2, k_3 \in \mathbf{R}$.

（二）非齐次线性方程组 $AX=b$

1. 方程个数 m 等于未知量个数 n，且 $|A| \neq 0$，有唯一解

（1）逆矩阵求解 $\boldsymbol{X} = \mathrm{inv}(\boldsymbol{A}) * \boldsymbol{b}$，或 $\boldsymbol{X} = \boldsymbol{A} \backslash \boldsymbol{b}$；

（2）克莱姆法则求解.

例 14-3 解线性方程组

$$\begin{cases} x_1 + x_2 + x_3 + x_4 = 5 \\ x_1 + 2x_2 - x_3 + x_4 = -2 \\ 2x_1 + 3x_2 - x_3 - 5x_4 = -2 \\ 3x_1 + x_2 + 2x_3 + 3x_4 = 4 \end{cases}.$$

解　解法一　逆矩阵求解

MATLAB 命令窗口输入

```
>>A=[1 1 1 1;1 2 -1 4;2 3 -1 -5;3 1 2 3];
>>b=[5;-2;-2;4];
>>X=A\b
X =
    -3.0000
     3.0000
     5.0000
          0
```

解法二　克莱姆法则 $x_j = \dfrac{D_j}{D}$，其中 $D = |\boldsymbol{A}|$，D_j 是 $|\boldsymbol{A}|$ 中第 j 列换成 b 的值.

MATLAB 命令窗口输入

```
>>D=det(A)
D=
   -56
>>d=ones(4,1);
>>for j=1:4
        a=A;
        a(:,j)=b;
        d(j)=det(a);
end
>>X=d/D
X=
    -3
     3
     5
     0
```

线性方程组的唯一解是

$$x_1 = -3, \quad x_2 = 2, \quad x_3 = 5, \quad x_4 = 0.$$

2. 一般线性方程组 $\boldsymbol{AX} = \boldsymbol{b}$

高斯消去法：

（1）输入系数矩阵 $\boldsymbol{A}$ 和常数项矩阵 $\boldsymbol{b}$；

（2）生成增广矩阵 $\boldsymbol{B}=[\boldsymbol{A}:\boldsymbol{b}]$；

（3）计算 $\boldsymbol{A}$ 的秩 r_1 和 $\boldsymbol{B}$ 的秩 r_2；

（4）判断 r_1 与 r_2 是否相等，若不等，则方程组无解，若相等，方程组有解；

（5）有解时，求齐次线性方程组求基础解系；

（6）求非齐次线性方程组的一个特解；

（7）由（5），（6）写出通解.

例 14-4　解线性方程组

$$\begin{cases} x_1 + 2x_2 + x_3 - x_4 = 4 \\ 3x_1 + 6x_2 - x_3 - 3x_4 = 8 \\ 5x_1 + 10x_2 + x_3 - 5x_4 = 16 \end{cases}.$$

解　MATLAB 命令窗口输入

```
>>A=[1 2 1 -1;3 6 -1 -3;5 10 1 -5];
>>b=[4;8;16];
>>B=[A b];
>>r1=rank(A)
r1=
    2
>>r2=rank(B)
r2=
    2
>>C=null(A,'r')
```

齐次线性方程组的基础解系

```
C=
    -2      1
     1      0
     0      0
     0      1
>>X0=A\b
```

非齐次方程组的特解

```
X0=
         0
    1.5000
    1.0000
         0
```

故非齐次线性方程组的通解是

$$\boldsymbol{X} = \begin{bmatrix} 0 \\ 3/2 \\ 1 \\ 0 \end{bmatrix} + k_1 \begin{bmatrix} -2 \\ 1 \\ 0 \\ 0 \end{bmatrix} + k_2 \begin{bmatrix} 1 \\ 0 \\ 0 \\ 1 \end{bmatrix}, \quad k_1, k_2 \in \mathbf{R}.$$

14.3.3 特征值与特征向量

表 14-3 是求特征值与特征向量的函数表.

表 14-3 特征值与特征向量函数

函 数	功 能
eig(A)	求矩阵 A 的特征值向量
$[D,T]=\text{eig}(A)$	返回 T 是矩阵 A 的特征值构成的对角阵，D 是特征向量矩阵
$[P,T]=\text{schur}(A)$	舒尔分解，当 A 为实对称矩阵时，返回 T 是 A 的特征值构成的对角阵，P 是 T 对应的正交变换矩阵

例 14-5 求方阵 $A=\begin{bmatrix} -2 & 1 & 1 \\ 0 & 2 & 0 \\ -4 & 1 & 3 \end{bmatrix}$ 的特征值和特征向量.

解 MATLAB 命令窗口输入

```
>>A=[-2 1 1;0 2 0;-4 1 3];
>>[D,T]=eig(A)
D=
   -0.7071   -0.2425    0.3015
         0         0    0.9045
   -0.7071   -0.9701    0.3015
T=
   -1         0         0
    0         2         0
    0         0         2
```

结果：特征值 $\lambda_1=-1$ 对应的全部特征向量是 $k_1\begin{bmatrix} 0.7071 \\ 0 \\ -0.7071 \end{bmatrix}$，$k_1\in\mathbf{R}$ 且 $k_1\neq 0$；特征值 $\lambda_2=\lambda_3=2$ 对应的全部特征向量是：$k_2\begin{bmatrix} -0.2425 \\ 0 \\ -0.9701 \end{bmatrix}+k_3\begin{bmatrix} 0.3015 \\ 0.9045 \\ 0.3015 \end{bmatrix}$，$k_2,k_3\in\mathbf{R}$，且 k_2,k_3 不能同时为零.

14.3.4 二次型

1. 二次型化为标准形

正交变换法化二次型 $f=\sum\limits_{i,j=1}^{n} a_{ij}x_i x_j (a_{ij}=a_{ji})$ 为标准形的方法.

（1）写出二次型矩阵

$$A = \begin{bmatrix} a_{11} & a_{12} & \cdots & a_{1n} \\ a_{21} & a_{22} & \cdots & a_{2n} \\ \vdots & \vdots & \ddots & \vdots \\ a_{n1} & a_{n2} & \cdots & a_{nn} \end{bmatrix};$$

(2) 求正交矩阵 P 和特征值矩阵(由命令 $[P,T]=\mathrm{schur}(A)$ 实现);

(3) 写出标准型和所作的正交变换.

例 14-6 求一个正交变换,将二次型

$$f = 2x_1^2 + 5x_2^2 + 5x_3^2 + 4x_1x_2 - 4x_1x_3 - 8x_2x_3$$

化为标准形.

解 MATLAB命令窗口输入

```
>>A=[2 2 -2;2 5 -4;-2 -4 5];
>>[P,T]=schur(A)
P=
    -0.2981        0.8944        0.3333
    -0.5963       -0.4472        0.6667
    -0.7454             0       -0.6667
T=
     1.0000             0             0
          0        1.0000             0
          0             0       10.0000
```

结果:二次型的标准形是 $f = y_1^2 + y_2^2 + 10y_3^2$,所作的正交变换是

$$\begin{bmatrix} x_1 \\ x_2 \\ x_3 \end{bmatrix} = \begin{bmatrix} -0.2981 & 0.8944 & 0.3333 \\ -0.5963 & -0.4472 & 0.6667 \\ -0.7454 & 0 & -0.6667 \end{bmatrix} \begin{bmatrix} y_1 \\ y_2 \\ y_3 \end{bmatrix}.$$

2. 正定二次型的判定

方法:求二次型 A 的全部特征值,观察是否大于零.

例 14-7 判别二次型的正定性

$$f = x_1^2 + 3x_2^2 + 9x_3^2 + 19x_4^2 - 2x_1x_2 + 4x_1x_3 + 2x_1x_4 - 6x_2x_4 - 12x_3x_4.$$

解 MATLAB命令窗口输入

```
>>A=[1 -1 2 1;-1 3 0 -3;2 0 9 -6;1 -3 -6 19];
>>D=eig(A)'
D=
    0.0643    2.2421    7.4945    22.1991
```

结果:特征值全大于零,故二次型正定.

14.3.5 综合应用

例 14-8 某种昆虫的雌性成虫每月产 100 个卵,若只有 10% 的卵可孵化成幼虫. 20% 的幼虫可变成蛹,30% 的蛹可长成成虫. 设每个成长阶段持续 1 个月,而且 40% 的成虫可活到下一个月. 若开始时仅有成虫 10 只,想知道 6 个月后昆虫的数量,以及今后昆虫

的繁殖趋势.

解　设 $x_1^{(n)}, x_2^{(n)}, x_3^{(n)}, x_4^{(n)}$ 分别表示昆虫在第 n 个月的四个成长阶段:卵,幼虫,蛹,成虫的数量,则第 $n+1$ 个月的数量分别是

$$x_1^{(n+1)} = 100x_4^{(n)},$$
$$x_2^{(n+1)} = 0.1x_1^{(n)},$$
$$x_3^{(n+1)} = 0.2x_2^{(n)},$$
$$x_4^{(n+1)} = 0.3x_2^{(n)} + 0.4x_4^n.$$

则该问题的状态转移矩阵

$$A = \begin{bmatrix} 0 & 0 & 0 & 100 \\ 0.1 & 0 & 0 & 0 \\ 0 & 0.2 & 0 & 0 \\ 0 & 0 & 0.3 & 0.4 \end{bmatrix}.$$

令 $X_n = (x_1^{(n)}, x_2^{(n)}, x_3^{(n)}, x_4^{(n)})^{\mathrm{T}}$,得昆虫问题的数学模型

$$X_{n+1} = AX_n \Rightarrow X_n = A^n X_0.$$

初值

$$x_1^0 = 0, \quad x_2^0 = 0, \quad x_3^0 = 0, \quad x_4^0 = 10.$$

问题 1:求昆虫 6 个月后的繁殖数量.

MATLAB 命令窗口输入

```
>>A=[0 0 0 100;0.1 0 0 0;0 0.2 0 0;0 0 0.3 0.4];
>>X0=[0 0 0 10]';
>>X6=A^6 * X0
X6=
    490.2400
     62.5600
      1.2800
      2.9210
```

结果:此类昆虫由初始 10 只成虫经 6 个月繁殖后,得到 490 只卵,63 只幼虫,1 只蛹虫和 3 只成虫.

问题 2:预测昆虫的繁殖趋势.

MATLAB 命令窗口输入

```
>>[P,T]=eig(A)
P=
   -0.9917    0.9931            0.9931            0.9948
    0.1248    0.0128-0.1136i    0.0128+0.1136i    0.0995
   -0.0314   -0.0256-0.0059i   -0.0256+0.0059i    0.0199
    0.0079    0.0010+0.0086i    0.0010-0.0086i    0.0099
T=
```

$$
\begin{array}{cccc}
-0.7948 & 0 & 0 & 0 \\
0 & 0.0974+0.8634i & 0 & 0 \\
0 & 0 & 0.0974-0.8634i & 0 \\
0 & 0 & 0 & 1.0000
\end{array}
$$

四个特征向量线性无关,由相似对角矩阵理论得知,矩阵 A 可对角化,即

$$A = PTP^{-1} \Rightarrow A^n = PT^nP^{-1}$$

$$
T^n = \begin{bmatrix}
-0.7948^n & & & \\
& (0.0974+0.8634i)^n & & \\
& & (0.0974-0.863i)^n & \\
& & & 1.0000^n
\end{bmatrix}
$$

$$\Rightarrow \lim_{n \to \infty} A^n = P(\lim_{n \to \infty} T^n)P^{-1}$$

由于 A 的最大特征值 $\lambda_4 = 1$,所以 $\lim_{n \to \infty} T^n$ 收敛,因此 $\lim_{n \to \infty} X_n = P(\lim_{n \to \infty} T^n)P^{-1}X$.

MATLAB 命令窗口输入

```
>>syms n
>>Tn(1,1)=T(1,1)^n;
>>r=abs(T(2,2));      %求复数的模
>>t=angle(T(2,2));   %求复数的辐角
>>Tn(2,2)=r^n*(cos(n*t)+i*sin(n*t));
>>Tn(3,3)=r^n*(cos(n*(-t))+i*sin(n*(-t)));
>>Tn(4,4)=T(4,4)^n;
>>Tinf=limit(Tn,n,inf);
>>xinf=P*Tinf*inv(P)*X0;
>>Xinf=double(xinf)
Xinf=
      1.0e+002 *
      3.5714+0.0000i
      0.3571+0.0000i
      0.0714+0.0000i
      0.0357+0.0000i
```

结果:此类昆虫的繁殖趋势是一稳定状态. 总数是 404 只,其中卵 357 只,幼虫 36 只,蛹 7 只,成虫 4 只.

14.4　实 验 任 务

1. 设向量组 A

$$
\boldsymbol{\alpha}_1 = \begin{bmatrix} 1 \\ -1 \\ 2 \\ 4 \end{bmatrix}, \quad
\boldsymbol{\alpha}_2 = \begin{bmatrix} 0 \\ 3 \\ 1 \\ 2 \end{bmatrix}, \quad
\boldsymbol{\alpha}_3 = \begin{bmatrix} 3 \\ 0 \\ 7 \\ 14 \end{bmatrix}, \quad
\boldsymbol{\alpha}_4 = \begin{bmatrix} 2 \\ 1 \\ 5 \\ 6 \end{bmatrix}, \quad
\boldsymbol{\alpha}_5 = \begin{bmatrix} 1 \\ -1 \\ 2 \\ 0 \end{bmatrix}.
$$

(1) 求向量组 A 的秩;

(2) 求 A 的一个极大无关组,并将其余向量用极大无关组线性表示.

2. 求下列齐次线性方程组的一个基础解系和通解:

$$(1)\begin{cases}2x_1-5x_2+x_3-3x_4=0\\-3x_1+4x_2-2x_3+x_4=0\\x_1+2x_2-x_3+3x_4=0\\-2x_1+15x_2-6x_3+13x_4=0\end{cases};\quad(2)\begin{cases}x_1-3x_2+x_3-2x_4-x_5=0\\-3x_1+9x_2-3x_3+6x_4+3x_5=0\\2x_1+6x_2+2x_3-4x_4-2x_5=0\\5x_1-15x_2+5x_3-10x_4-5x_5=0\end{cases}.$$

3. 求下列方程组的通解:

$$(1)\begin{cases}2x_1+x_2-x_3=1\\x_1-3x_2+4x_3=2\\11x_1-12x_2+17x_3=3\end{cases}.\quad(2)\begin{cases}2x_1+7x_2+3x_3+x_4=6\\3x_1+5x_2+2x_3+2x_4=4.\\9x_1+4x_2+x_3+7x_4=2\end{cases}$$

4. 用正交变换法将下列二次型化为标准型,并写出所作的正交变换:

$$f=x_1^2+x_2^2+x_3^2+x_4^2+2x_1x_2-2x_1x_4-2x_2x_3+2x_3x_4.$$

5. 判定下列二次型的正定性:

$$f=3x_1^2+3x_2^2+3x_3^2+x_4^2+2x_1x_2-2x_2x_3+2x_1x_3.$$

6. 某地曾经被火烧光,一年后 30% 的不毛之地长出了草,第 2 年后,长草地方的 10% 灌木开始生长,而 5% 的草地荒芜,4% 的灌木区域转变为草地.试推算长此下去,这片土地最终有何变化?

7. 海潮是由太阳和月亮对海水的引力及地球的自转产生的.某港口的水深情况如下:下午 6 时水深 5.30m,下午 9 时水深 3.42m,下午 10 时水深为 2.38m.如果仅考虑月亮和地球间的作用,获得角速度 $\omega=0.50589(\text{rad/h})$.想知道,清晨 1 时的水深以及一天中涨潮时的水深.

实验 15 概率分布与数据的基本描述

15.1 实 验 目 的

(1) 学习用软件对数据进行描述性分析的基本方法.

(2) 掌握用软件处理概率分布问题的方法,进一步理解随机变量数字特征的实际意义.

(3) 会作直方图和正态检验 qq 图.

15.2 预 备 知 识

15.2.1 随机变量及其分布

1. 离散型随机变量及其概率分布

如果随机变量 X 的全部可能取到的不相同的值是有限个或可列无限多个,则称 X 为离散型随机变量.

1) 二项分布

如果随机变量 X 具有概率分布

$$P\{X=k\}=C_n^k p^k q^{n-k}, \quad k=0,1,2,\cdots,n;0<p<1,q=1-p$$

则称 X 服从参数为 n,p 的二项分布,记为 $X\sim b(n,p)$.

2) 泊松分布

如果随机变量 X 具有概率分布

$$P\{X=k\}=\frac{\lambda^k}{k!}e^{-\lambda}, \quad k=0,1,2,\cdots;\lambda>0$$

则称 X 服从参数为 λ 的泊松分布,记为 $X\sim\pi(\lambda)$.

3) 离散均匀分布

如果随机变量 X 具有概率分布

$$P\{X=k\}=\frac{1}{r}, \quad k=1,2,\cdots,r$$

则称 X 服从参数为 r(正整数)的离散均匀分布.

4) 几何分布

如果随机变量 X 具有概率分布

$$P\{X=k\}=(1-p)^k p, \quad k=1,2,3,\cdots;0<p<1$$

则称 X 服从参数为 p 的几何分布,记为 $X\sim g(p)$.

5) 超几何分布

假设产品总数为 N,其中有 M 件次品,从中任取 $n(n\leqslant N-M)$ 件,其中次品数 X 恰为 k 件的概率分布为

$$P\{X=k\}=\frac{C_M^k C_{N-M}^{n-k}}{C_N^n}, \quad k=0,1,2,\cdots,\min(n,M)$$

则称 X 服从参数为 N,M,n 的超几何分布.

　　2. 连续型随机变量及其概率密度

　　如果对于随机变量 X 的分布函数 $F(x)$,存在非负函数 $f(x)$,使对于任意实数 x 有

$$F(x)=\int_{-\infty}^{x} f(t)\mathrm{d}t$$

则称 X 为连续型随机变量,其中函数 $f(x)$ 称为 X 的概率密度函数.

　　1) 连续均匀分布

　　如果连续型随机变量 X 具有概率密度

$$f(x)=\begin{cases}\dfrac{1}{b-a}, & a<x<b \\ 0, & \text{其他}\end{cases}$$

则称 X 服从区间 (a,b) 上的均匀分布,记为 $X\sim U(a,b)$.

　　2) 指数分布

　　如果连续型随机变量 X 具有概率密度

$$f(x)=\begin{cases}\dfrac{1}{\lambda}\mathrm{e}^{-\frac{x}{\lambda}}, & x>0 \\ 0, & x\leqslant 0\end{cases}$$

则称 X 服从参数为 λ 的指数分布,记为 $X\sim E(\lambda)$.

　　3) 正态分布

　　如果连续型随机变量 X 具有概率密度

$$f(x)=\frac{1}{\sqrt{2\pi}\sigma}\mathrm{e}^{-\frac{(x-\mu)^2}{\sigma^2}}, \quad -\infty<x<+\infty$$

则称 X 服从参数为 μ,σ 的正态分布,记为 $X\sim N(\mu,\sigma^2)$.

　　3. 分布函数

　　对于离散型随机变量 X,设 x 为任意实数,则分布函数为

$$F(x)=P\{X\leqslant x\}$$

　　4. 逆分布函数

　　分布函数的逆函数称为逆分布函数,它构成映射 $p\to x_p$,使得

$$P\{X\leqslant x_p\}=p, \quad 0\leqslant p\leqslant 1$$

x_p 也称为 $100p\%$ 下分位数.

　　如图 15-1 卡方分布下分位数 x_p.

15.2.2　随机变量的数字特征

　　1. 数学期望

　　(1) 离散型随机变量 X 具有概率分布

$$P\{X=k\}=p_k, \quad k=0,1,2,\cdots$$

若级数 $\displaystyle\sum_{k=1}^{\infty} x_k p_k$ 绝对收敛,则称该级数的和为随机变量 X 的数学期望,记为 $E(X)$.

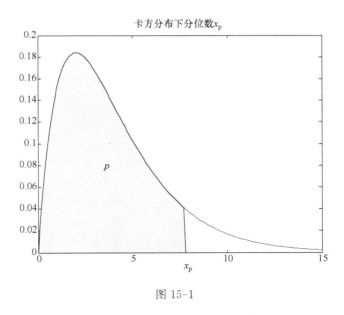

图 15-1

（2）连续型随机变量 X 具有概率密度函数 $f(x)$，若积分

$$\int_{-\infty}^{+\infty} x f(x) \mathrm{d}x$$

绝对收敛，则称该积分的值为随机变量 X 的数学期望，记为 $E(X)$.

2. 方差

设 X 是一个随机变量，若 $E\{[X-E(X)]^2\}$ 存在，则称为 X 的方差，记为 $D(X)$.

3. 协方差与相关系数

量 $E\{[X-E(X)][Y-E(Y)]\}$ 称为随机变量 X 与 Y 的协方差，记为 $\mathrm{Cov}(X,Y)$，而

$$\rho_{XY} = \frac{\mathrm{Cov}(X,Y)}{\sqrt{D(X)}\sqrt{D(Y)}}$$

称为随机变量 X 与 Y 的相关系数.

15.2.3　大数定律及中心极限定理

1. 大数定律

辛钦定理　设随机变量 $X_1, X_2, \cdots, X_n$ 相互独立，服从同一分布，且具有数学期望 $E(X_k) = \mu, (k=1,2,\cdots)$，则对于任意正数 ε，有

$$\lim_{n\to\infty} P\left\{\left|\frac{1}{n}\sum_{k=1}^{n}X_k - \mu\right| < \varepsilon\right\} = 1.$$

2. 中心极限定理

独立同分布的中心极限定理　设随机变量 $X_1, X_2, \cdots, X_n$ 相互独立，服从同一分布，且具有数学期望和方差：$E(X_k) = \mu, D(X) = \sigma^2 > 0(k=1,2,\cdots)$，则

$$\frac{\sum_{k=1}^{n}X_k - n\mu}{\sqrt{n}\sigma} \overset{\text{近似}}{\sim} N(0,1).$$

15.2.4 数据的基本描述

设 $X_1, X_2, \cdots, X_n$ 是来自总体 X 的一个容量为 n 的样本，$x_1, x_2, \cdots, x_n$ 是这一样本的观测值，则数据的基本描述性分析如下。

1. 表示位置的数字特征

（1）均值：$\overline{x} = \dfrac{1}{n} \sum\limits_{i=1}^{n} x_i.$

（2）中位数：数据由小到大排序后位于中间的数值.

2. 表示分散程度的数字特征

（1）方差：$s^2 = \dfrac{1}{n-1} \sum\limits_{i=1}^{n} (x_i - \overline{x})^2.$

（2）标准差：方差的算术平方根 s.

3. 表示分布形状的数字特征

（1）偏度：$g_1 = \dfrac{1}{s^3} \sum\limits_{i=1}^{n} (x_i - \overline{x})^3$，反映分布的对称性.

（2）峰度：$g_2 = \dfrac{1}{s^4} \sum\limits_{i=1}^{n} (x_i - \overline{x})^4$，反映分布曲线的陡缓程度.

15.3 实 验 内 容

15.3.1 概率分布

表 15-1 是随机变量的密度函数.

表 15-1 密度函数

函数	对应分布	函数	对应分布
binopdf	二项分布	unifpdf	连续均匀分布
poisspdf	泊松分布	exppdf	指数分布
unidpdf	离散均匀分布	normpdf	正态分布
geopdf	几何分布	tpdf	t 分布
hygepdf	超几何分布	fpdf	F 分布
pdf	指定分布	chi2pdf	卡方分布

注：将上述函数名中的 pdf 分别换成 cdf、inv 和 rnd，即为对应分布的分布函数、分位数和随机数.

例 15-1 产品在出厂前要进行质量检验，假设一个质量检验员每天检验 500 个零件. 如果 1% 的零件有缺陷，一天内检验员没有发现缺陷零件的概率是多少？检验员发现有缺陷零件的数量最多可能是多少？

解 设检验员发现缺陷零件的数量为 X，则 $X \sim b(500, 0.01)$.

MATLAB 命令窗口输入

```
>> p= binopdf(0,500,0.01)
p =
```

```
    0.0066
>> P= binopdf([1:500],500,0.01);
>> [x,k]= max(P)
x =
    0.1764
k =
    5
```

结果:一天内检验员没有发现缺陷零件的概率是 0.0066;最多可能发现 5 个有缺陷的零件.

例 15-2　(1)分别取 $\lambda=2,4,6$,作泊松分布的概率分布曲线,试分析图形特征;
(2)观察图形,寻找逼近分布.

解　MATLAB 命令窗口输入

```
>> x= 0:100;
>> P= [];
>> for r= 1:2:5
        p= poisspdf(x,r);
        P= [P;p];
    end
>> plot(x,P,'* -')
```

图形如图 15-2 所示.

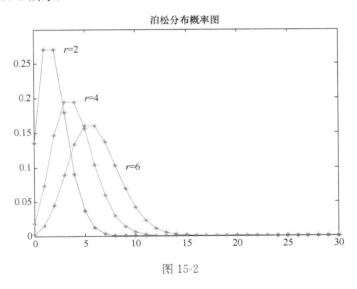

图 15-2

```
>> y1= poisspdf(x,12);
>> y2= normpdf(x,12,sqrt(12));
>> plot(x,y1,'r* ',x,y2)
```

图形如图 15-3 所示.

结论:(1)泊松分布的概率分布曲线随 k 的增加而先上升后下降;当 λ 增大时,概率分

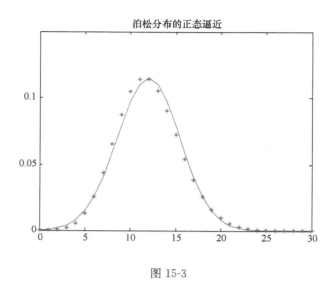

图 15-3

布曲线趋于对称. (2)当 $\lambda > 10$,泊松分布的概率分布与正态分布 $N(\lambda,\lambda)$ 的密度曲线非常接近.

例 15-3　验证正态分布的 3σ 法则.

解　设随机变量 $X \sim N(\mu,\sigma^2)$,取 $\mu = 3, \sigma = 0.6$ 作图

MATLAB 命令窗口输入

```
>> m= 3;
>> s= 0.6;
>> x= m+ s* [-3:-1,1:3];
>> yc= normcdf(x,m,s);
>> p= [yc(4)-yc(3) yc(5)-yc(2) yc(6)-yc(1)]
p =
    0.6827    0.9545    0.9973
>> xp= 0:0.1:5;
>> yp= normpdf(xp,m,s);
>> for k= 1:3
        subplot(1,3,k)
        plot(xp,yp)
        hold on
        xx= x(4-k):s/10:x(3+ k);
        yy= normpdf(xx,m,s);
        fill([x(4-k),xx,x(3+ k)],[0,yy,0],'y')
        text(m-s,0.3,num2str(p(k)))
        hold off
    end
```

图形如图 15-4 所示.

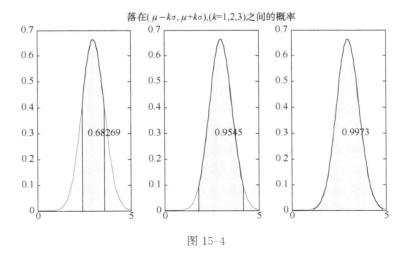

落在$(\mu-k\sigma,\mu+k\sigma),(k=1,2,3)$之间的概率

图 15-4

结论:正态变量的取值落在$(\mu-k\sigma,\mu+k\sigma)$,$k=1,2,3$ 内的概率分别是 0.6827,0.9545 和 0.9973.因此,尽管正态变量的取值范围是$(-\infty,+\infty)$,但基本落在$(\mu-2\sigma,\mu+2\sigma)$内,而几乎不在$(\mu-3\sigma,\mu+3\sigma)$之外取值.

例 15-4 某类日光灯的寿命服从参数为 2000 的指数分布(单位:小时),

(1)任取一根这种灯管,求能正常使用 1000 小时以上的概率;

(2)灯管寿命的中位数是多少.

解 设日光灯的寿命为 X,则 $X\sim E(2000)$

(1) $P\{X>1000\}=1-P\{X\leqslant1000\}=1-F(1000)$;

(2) 设灯管寿命的中位数为 x,则 $P\{X\leqslant x\}=0.5$,即求 0.5 下分位数.

MATLAB命令窗口输入

```
>> p= 1- expcdf(1000,2000)
p=
    0.6065
>> x= expinv(0.5,2000)
x=
    1.3863e+ 003
```

结果:任一灯管能正常使用 1000 小时以上的概率是 0.6065;灯管寿命的中位数是 1386.3 小时,即一箱灯管有一半的寿命不超过 1400 小时.

15.3.2 数据特征

表 15-2 是数据的描述性分析函数表.

表 15-2 数据特征分析函数

函数	位置特征	函数	分散性特征	函数	形状特征
mean	均值	var	方差	skewness	偏度
median	中位数	std	标准差	kurtosis	峰度

例 15-5　1978 年至 1998 年全国农村居民消费数据如表 15-3 所示(单位:元).

表 15-3　全国农村居民消费数据

年份	消费数据	年份	消费数据	年份	消费数据
1978	138	1985	347	1992	718
1979	158	1986	376	1993	855
1980	178	1987	417	1994	1118
1981	199	1988	508	1995	1434
1982	221	1989	553	1996	1768
1983	246	1990	571	1997	1876
1984	283	1991	621	1998	1895

计算数据特征.

解　MATLAB 命令窗口输入

```
>> x= [138 158 178 199 221 246 283 347 376 417 508 553 571 621 ...
718 855 1118 1434 1768 1876 1895];
>> mu= mean(x)
>> mz= median(x)
>> sf= var(x)
>> sb= std(x)
>> g1= skewness(x)
>> g2= kurtosis(x)
```

计算结果见表 15-4 所示.

表 15-4　数据特征计算结果

位置特征	计算结果	分散性特征	计算结果	形状特征	计算结果
均值	689.5238	方差	341040	偏度	1.0916
中位数	508	标准差	583.9828	峰度	2.8128

结论:① 均值与中位数差异较大,说明数据偏态分布;② 方差、标准差较大,说明数据分布较分散;③ 偏度为较大正值,多为明显右偏态数据.因此,说明农村居民消费在迅速增长.

15.3.3　统计图

表 15-5 是绘制数据统计图的函数表.

表 15-5　统计图函数

命令格式	统计图	功能
$hist(X, k)$	直方图	将区间$(\min(X), \max(X))$ k 等分,描绘频数直方图
$qqpolt(X)$	qq 图	描绘 X 的分位数,如果 X 为正态分布,则散点接近线性

例 15-6　设随机变量 $X_1, X_2, \cdots, X_n$ 相互独立,服从 $U(1,3)$ 分布,验证 $\sum\limits_{k=1}^{n} X_k$ 近似服从正态分布.

解　$\mu = 2, \sigma^2 = \dfrac{1}{3}$

(1) 产生 n 个 $U(1,3)$ 随机数, $Y_n = \dfrac{\sum\limits_{k=1}^{n} X_k - n\mu}{\sqrt{n}\sigma}$, 取 $n = 50$ 计算;

(2) 重复 k 次,产生 k 个 Y_n;

(3) 作 k 个 Y_n 的直方图;

(4) 作 k 个 Y_n 的 qq 图.

MATLAB 命令窗口输入

```
>> k= 1000;n= 50;a= 1;b= 3;
>> m= (a+ b)/2;
>> s= sqrt((b- a)^2/12);
>> y= zeros(1,k);
>> for i= 1:k
        x= unifrnd(1,3,1,n);
        y(i)= (sum(x)-n* m)/sqrt(n)/s;
   end
>> mu= mean(y)
   mu=
       - 0.0069
>> su= var(y)
   su=
       0.9882
>> figure(1)
>> hist(y,30)
>> title('分布 U(1,3)的中心极限定理直方图')
```

图形如图 15-5 所示.

```
>> figure(2)
>> qqplot(y)
```

图形如图 15-6 所示.

结论:① 区间 $[1,3]$ 上 n 个相互独立的均匀分布随机数 X_k,当 n 较大时作和并经变换 $Y_n = \dfrac{\sum\limits_{k=1}^{n} X_k - n\mu}{\sqrt{n}\sigma}$ 后的随机数直方图表示:该组随机数比较接近标准正态分布;② 观察 qq 图知,数据点基本位于直线上,说明该组随机数近似服从标准正态分布,因而

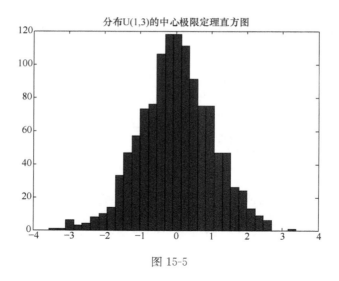

图 15-5

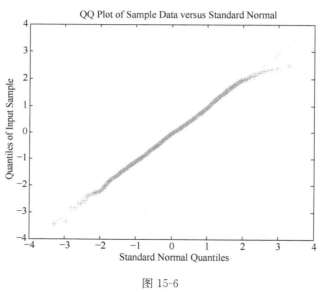

图 15-6

$\sum\limits_{k=1}^{n} X_k$ 近似服从正态分布. 改变参数 a,b 亦有相同结论,即当原始分布为均匀分布,且 n 较大时,n 个独立同分布的随机变量和近似服从于正态分布.

15.3.4 综合应用

例 15-7 某单位设置一电话总机,共有 200 架电话分机. 每个电话分机有 15% 的时间要使用外线通话,并且每个分机是否使用外线通话是相互独立的. 考虑总机要设置多少条外线,来保证每个分机有 90% 的概率可供外线通话使用.

解 设 $X_k = \begin{cases} 1 & (\text{第 } k \text{ 架电话分机使用外线}) \\ 0 & (\text{第 } k \text{ 架电话分机不使用外}) \end{cases}$, $(k=1,2,\cdots,200)$

则 $X_k \sim b(1,0.15)$，$E(X_k)=p$，$D(X_k)=p(1-p)$，使用外线的分机数 $Y=\sum\limits_{k=1}^{200} X_k$，由

中心极限定理，有 $Y \overset{\text{近似}}{\sim} N(200p,200p(1-p))$.

设总机外线数为 m，要以 90% 的概率保证每个分机要使用外线时可供使用，需满足

$$P\{Y \leqslant m\}=0.9$$

因此

$$P\{Y \leqslant m\}=F(m)=0.9$$

MATLAB 命令窗口输入

```
>> n= 200;
>> p= 0.15;
>> mu= n* p;
>> sigma= sqrt(n* p* (1-p));
>> b= norminv(0.90,mu,sigma) ;
>> b=  ceil(b)
b =
    37
```

结果：总机应设置 37 条外线，即可保障每个分机有 90% 的概率使用外线通话.

模拟验证：

(1) 产生 200 个 $X \sim N(1,p)$ 的 0.1 随机数，统计 1 出现的次数 x，若 $x>37$，计入累计数；

(2) 重复模拟过程.

MATLAB 命令窗口输入

```
>> m= 5;
>> t1= [100 300 600 1000 1500];
>> t= zeros(1,m);
>> for i= 1:m
        a= 0;
        for j= 1:t1(i)
            daet= sum(binornd(1,p,1,n));
            if date> b
                a= a+ 1;
            end
        end
        t(i)= a;
    end
>> t
```

```
>> pl= t./t1
```

模拟结果见表 15-6.

表 15-6　外线电话不能使用模拟结果

模拟次数	不能通话次数	不能通话频率	不能通话概率
100	10	0.1000	0.01
300	25	0.0833	0.01
600	52	0.0867	0.01
1000	81	0.0810	0.01
1500	110	0.0733	0.01

例 15-8　在一个人数很多的团体中普查某种疾病,为此要抽 N 个人的血,现有两种化验方案.(1)逐个化验,需要验 N 次;(2)分成 k 个人一组,将 k 个人的血混合在一起进行化验.如果混合血呈阴性反应,则 k 个人只需化验一次.如果呈阳性反应,则再对 k 个人的血分别进行化验.这样该组共化验 $k+1$ 次.假设每个人化验成阳性的概率为 p,且这些人的试验反应是相互独立的.当 p 较小时,哪一种方案更合理?

解　**方法一**　函数求解

因为个人的血呈阴性反应的概率为 $q=1-p$,所以 k 个人的混合血呈阴性反应的概率为 q^k,呈阳性反应的概率为 $1-q^k$.设 X 表示 k 个人一组的化验次数,则 X 是一个随机变量,其分布律由表 15-7 表示.

表 15-7　X 的分布律

X	1	$k+1$
p_k	q^k	$1-q^k$

每组平均化验次数
$$E(X)=q_k+(k+1)(1-q^k)=1-kq^k+k$$
第二种方案的平均化验次数为
$$\frac{N}{k}(1-kq^k+k)=N(1-q^k+\frac{1}{k})$$
因此,只需选择 k,使
$$L=1-q^k+\frac{1}{k}<1$$
即有化验次数 $<N$.

当取 $p=0.1$ 时,用函数极值求解.

MATLAB 命令窗口输入

```
>> L= '1- 0.9^x+ 1/x';
>> ezplot(L)
```

图形如图 15-7 所示.

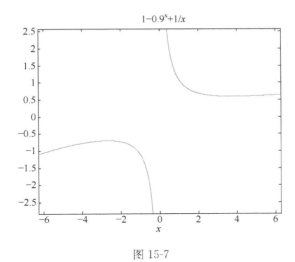

图 15-7

```
≫[k,L]=fminbnd(L,1,6)
k=
    3.7546
L=
    0.5931
```

结果:当阳性概率 $p=0.1$ 时,第二种方案将 4 人分成一组进行化验,最适宜的平均化验次数是 $0.5931N$ 次,较第一种方案节约工作量 40%.

方法二　模拟化验次数(取 $N=1000$)

编辑函数文件 eg15_8.m

```
N=1000;
p=0.12;
A=zeros(5,5);
for k=2:6
for i=1:5
    c=binornd(1,p,1, N);
    d1=fix(N /k);
    B=reshape(c(1:k* d1),k,d1);
    a1=any(B);
    b=length(find(a1= = 0));
    m1=b+ (d1-b)* (k+ 1);
    m2=0;
    d2=rem(N,k);
    if d2~=0
        a2=any(c((N -k* d1):N));
```

```
        if a2==0
                m2=1;
        else m2=d2+ 1;
                end
            end
        A(i,k-1)=m1+ m2;
    end
end
A
M=mean(A)
```
模拟运行结果见表 15-8 所示。

表 15-8   1000 人分组化验模拟结果

模拟次数	二人组	三人组	四人组	五人组	六人组
1	684	632	586	585	663
2	702	599	546	616	711
3	700	602	606	610	657
4	700	599	654	630	639
5	692	608	526	595	633
平均次数	695.6	608	583.6	607	660.6

结论：四人组的平均化验次数为 584 次，较其他分组化验次数少，与函数求解结果一致.

15.4 实 验 任 务

1. 绘制二项分布 $X \sim b(50,0.2)$ 的概率分布图，用泊松分布逼近该二项分布.

2. 选取不同参数 μ 和 σ^2，产生 n 个服从正态分布 $N(\mu,\sigma^2)$ 的随机数，分别统计落入 $[\mu-\sigma,\mu-\sigma]$，$[\mu-2\sigma,\mu-2\sigma]$，$[\mu-3\sigma,\mu-3\sigma]$ 内的个数，计算落入三个区间的随机数频率，并与 0.6826，0.9544，0.9974 比较，得出什么结论？

3. 已知 $X \sim N(1,0.6^2)$，计算(1)$P\{X>0\}$；(2)$P\{0.2<X\leqslant 1.8\}$；
(3)$P\{X\leqslant x\}=0.6$，求 x.

4. 设随机变量 $X_1,X_2,\cdots,X_n$ 相互独立，服从 $b(20,0.25)$ 分布，验证 $\sum\limits_{k=1}^{n} X_k$ 近似服从正态分布.

5. 设随机变量 $X_1,X_2,\cdots,X_n$ 相互独立，服从 $b(1,p)$ 分布，取定 p 和 ε，验证辛钦定理.

6. 顾客在银行的窗口等待服务的时间服从参数为 5 的指数分布. 某顾客在窗口等待服务超过 10 分钟则离开，他每月到银行 5 次，写出顾客在一个月内未能等到服务的分布律.

7. 每天到达某炼油厂的油船数服从参数为 λ 的泊松分布,而港口的设备一天只能为三只油船服务,如果一天中到达的油船超过三只,超出的油船必须转向另一港口. 一天中必须有油船转走的概率是多少? 若要提高港口利用率,一个可行的办法是增加设备. 考虑一天中到达港口的油船有 90%,95% 和 99% 能够得到服务,须增加多少台设备?

8. 某炼钢厂生产 25MnSi 钢,以下是记录的 120 炉正常生产的 25MnSi 钢的 Si 含量数据(百分比).

0.86	0.83	0.77	0.81	0.81	0.80	0.79
0.82	0.81	0.81	0.87	0.82	0.78	0.80
0.87	0.81	0.77	0.78	0.77	0.78	0.77
0.77	0.71	0.95	0.78	0.81	0.79	0.80
0.76	0.82	0.80	0.82	0.84	0.79	0.90
0.79	0.82	0.79	0.86	0.76	0.78	0.83
0.82	0.78	0.73	0.83	0.81	0.81	0.83
0.81	0.86	0.82	0.82	0.78	0.84	0.84
0.81	0.81	0.74	0.78	0.78	0.80	0.74
0.75	0.79	0.85	0.75	0.74	0.71	0.88
0.76	0.85	0.73	0.78	0.81	0.79	0.77
0.81	0.87	0.83	0.65	0.64	0.78	0.75
0.80	0.80	0.77	0.81	0.75	0.83	0.90
0.85	0.81	0.77	0.78	0.82	0.84	0.85
0.82	0.85	0.84	0.82	0.85	0.84	0.78

(1) 计算均值、标准差、中位数、偏度、峰度,分析数据特征;(2)绘制直方图、qq 图,观察图形,得到何什么种结论.

9. 某人早上 8:00 离家去赶 8:30 的火车,他必须先步行到汽车站,若是晴天,他得走 3 分钟,若是雨天需 4 分钟. 雨天的概率是 0.4,公共汽车平均间隔时间是 6 分钟,天晴乘汽车到火车站平均需 15 分钟,雨天平均需 20 分钟. 试分析解决该问题需假设的条件,讨论理论和动态模拟两种解决方法,并进行比较,得出结论.

10. 某商店供应周围地区 1000 人商品. 某种商品在一段时间内每人需用一件的概率为 0.6,假定这段时间个人购买与否彼此无关,并且每人最多可以买一件. 商店应该预备多少件这种商品,才能以 95% 的把握保证这种商品不会脱销. 试描述动态过程.

11. 某医院想了解急救设施的利用率,伤员到达的时间间隔是随机的,平均时间 $M_1=1$ 小时,处理时间也是随机的,平均时间 $M_2=1$ 小时,标准差 $\sigma=0.2$ 小时. 若伤员送到医院而急救设施正在使用,则此伤员立即转院.讨论伤员转院的比例和设施利用率.

12.(剧院设座问题)甲、乙两个剧院在竞争 1000 名观众,假定每个观众完全随意地选择一个剧院,且观众之间选择哪个剧院是彼此独立的.问每个剧院至少应设多少个座位才能保证因缺少座位而使观众离去的概率小于 5%?

实验 16   统 计 推 断

16.1   实 验 目 的

(1) 学习用软件对总体概率分布的未知参数进行估计、检验的基本方法.

(2) 了解用软件对总体进行分布拟合检验的基本方法.

(3) 通过观察和分析实验结果,进一步理解统计推断的基本思想和方法.

16.2   预 备 知 识

16.2.1   几个常用统计量的分布

1. 统计量

设 $X_1, X_2, \cdots, X_n$ 是来自总体 X 的一个样本, $g(X_1, X_2, \cdots, X_n)$ 是 $X_1, X_2, \cdots, X_n$ 的函数,若 g 中不含未知参数,则称 $g(X_1, X_2, \cdots, X_n)$ 是一个统计量.

2. χ^2 分布

设 $X_1, X_2, \cdots, X_n$ 是来自正态总体 $N(0,1)$ 的样本,则称统计量

$$\chi^2 = X_1^2 + X_2^2 + \cdots + X_n^2$$

服从自由度为 n 的 χ^2 分布,记为 $\chi^2 \sim \chi^2(n)$.

3. t 分布

设 $X \sim N(0,1), Y \sim \chi^2(n)$,且 X, Y 独立,则称随机变量

$$t = \frac{X}{\sqrt{Y/n}}$$

服从自由度为 n 的 t 分布,记为 $t \sim t(n)$.

4. F 分布

设 $U \sim \chi^2(n_1), V \sim \chi^2(n_2)$,且 X, Y 独立,则称随机变量

$$F = \frac{U/n_1}{V/n_2}$$

服从自由度为 (n_1, n_2) 的 F 分布,记为 $F \sim F(n_1, n_2)$.

16.2.2   参数估计

1. 点估计

设总体 X 的分布函数为 $F(x; \theta_1, \theta_2, \cdots, \theta_n)$,其中 $\theta_1, \theta_2, \cdots, \theta_k$ 是未知参数. $X_1, X_2, \cdots, X_k$ 是来自 X 的一个样本, $x_1, x_2, \cdots, x_n$ 是相应的一个样本值.构造一个适当的统计量 $\hat{\theta}_i(X_1, X_2, \cdots, X_n), i = 1, 2, \cdots, k$,用它的观测值 $\hat{\theta}_i(x_1, x_2, \cdots, x_n), i = 1, 2, \cdots, k$ 作为未知

参数 θ_i 的近似值,则称 $\hat{\theta}_i(X_1, X_2, \cdots, X_n)$ 为 θ_i 的估计量,称 $\hat{\theta}_i(x_1, x_2, \cdots, x_n)$ 为 θ_i 的估计值.在不致混淆的情况下统称估计量和估计值为估计,这种用 $\hat{\theta}_i$ 对参数 θ_i 作定值估计,称为参数的点估计.

1) 矩估计法

设总体 X 的分布函数为 $F(x; \theta_1, \theta_2, \cdots, \theta_k)$,样本值 $x_1, x_2, \cdots, x_n$ 的 i 阶原点矩为 A_i,i 阶中心距为 B_i,$i = 1, 2, \cdots, k$,而 $EX^i = \alpha_i(\theta_1, \theta_2, \cdots, \theta_k)$,

$E(X - EX)^i = \beta_i(\theta_1, \theta_2, \cdots, \theta_k)$. 矩和未知参数分别用估计量代入得

$$A_i = \alpha_i(\hat{\theta}_1, \hat{\theta}_2, \cdots, \hat{\theta}_k) \ (\text{或 } B_i = \beta_i(\hat{\theta}_1, \hat{\theta}_2, \cdots, \hat{\theta}_k)) \ i = 1, 2, \cdots, k$$

解此方程组即得 $\hat{\theta}_1, \hat{\theta}_2, \cdots, \hat{\theta}_k$. 这种估计方法称为矩估计法.

2) 最大似然估计法

设总体 X 是离散型,其分布律

$$P\{X = x\} = p(x; \theta_1, \theta_2, \cdots, \theta_k)$$

其中 $\theta_1, \theta_2, \cdots, \theta_k$ 是未知参数.若取得样本观测值 $x_1, x_2, \cdots, x_n$,出现此样本观测值的概率为

$$
\begin{aligned}
L(x_1, x_2, \cdots, x_n; \theta_1, \theta_2, \cdots, \theta_k) &= P\{X_1 = x_1, X_1 = x_2, \cdots X_1 = x_n\} \\
&= p\{X_1 = x_1\} p\{X_1 = x_2\} \cdots p\{X_1 = x_n\} \\
&= \prod_{i=1} p(x_i; \theta_1, \theta_2, \cdots, \theta_k)
\end{aligned}
$$

选择 $\theta_1, \theta_2, \cdots, \theta_k$ 使 $L(x_1, x_2, \cdots, x_n; \theta_1, \theta_2, \cdots, \theta_k)$ 达到最大,从而得到参数 $\theta_1, \theta_2, \cdots, \theta_k$ 的估计值 $\hat{\theta}_1, \hat{\theta}_2, \cdots, \hat{\theta}_k$,称为最大似然估计值. 函数 $L(x_1, x_2, \cdots, x_n; \theta_1, \theta_2, \cdots, \theta_k)$ 称为似然函数. 对连续型随机变量,上式中的 p 为密度函数.

如果 L 对 $\theta_1, \theta_2, \cdots, \theta_k$ 的偏导数存在,那么求最大似然估计问题即是解方程组

$$\frac{\partial L}{\partial \theta_i} = 0, i = 1, 2, \cdots k$$

问题,也等价于解方程组

$$\frac{\partial \ln L}{\partial \theta_i} = 0, i = 1, 2, \cdots k$$

2. 区间估计

设总体 X 的分布函数 $F(x; \theta)$ 含有未知参数 θ,对于给定的 $\alpha(0 < \alpha < 1)$,存在两个统计量 $\theta_1(X_1, X_2, \cdots, X_n)$ 和 $\theta_2(X_1, X_2, \cdots, X_n)$,使

$$P\{\theta_1 < \theta < \theta_2\} = 1 - \alpha$$

则称随机区间 (θ_1, θ_2) 为参数 θ 的置信水平为 $1 - \alpha$ 的置信区间,θ_1 和 θ_2 分别称为置信下限和置信上限,$1 - \alpha$ 称为置信水平.

16.2.3　假设检验

1. 参数检验

1) 单个正态总体均值的检验

设 $X_1, X_2, \cdots, X_n$ 是来自正态总体 $N(\mu, \sigma^2)$ 的样本,给定显著性水平 α,表 16-1 是单个正态总体分别在方差已知(未知)条件下对均值的 Z 检验(t 检验).

表 16-1 单正态总体均值的检验

原假设 H_0	备择假设 H_1	检验统计量	拒绝域	检验统计量	拒绝域
$\mu = \mu_0$	$\mu \neq \mu_0$	$Z = \dfrac{\overline{X} - \mu_0}{\sigma/\sqrt{n}}$	$\lvert z \rvert \geqslant z_{1-\alpha/2}$	$t = \dfrac{\overline{X} - \mu_0}{S/\sqrt{n}}$	$\lvert t \rvert \geqslant t_{1-\alpha/2}(n-1)$
$\mu \leqslant \mu_0$	$\mu > \mu_0$		$z \geqslant z_{1-\alpha}$		$t \geqslant t_{1-\alpha}(n-1)$
$\mu \geqslant \mu_0$	$\mu < \mu_0$	σ^2 已知	$z \leqslant -z_{1-\alpha}$	σ^2 未知	$t \leqslant -t_{1-\alpha}(n-1)$

2)两个正态总体均值差的检验(t 检验)

设 $X_1, X_2, \cdots, X_{n_1}$ 是来自正态总体 $N(\mu_1, \sigma^2)$ 的样本,$Y_1, Y_2, \cdots, Y_{n_2}$ 是来自正态总体 $N(\mu_2, \sigma^2)$ 的样本,且两个样本独立,σ^2 未知,给定常数 δ 和显著性水平 α. 表 16-2 是两个正态总体在方差未知的条件下对均值差的检验方法.

表 16-2 两正态总体均值差的检验(方差相等且未知)

原假设 H_0	备择假设 H_1	检验统计量	拒绝域
$\mu_1 - \mu_2 = \delta$	$\mu_1 - \mu_2 \neq \delta$	$t = \dfrac{\overline{X} - \overline{Y}}{S_w\sqrt{\dfrac{1}{n_1} + \dfrac{1}{n_2}}}$	$\lvert t \rvert \geqslant t_{1-\alpha/2}(n_1 + n_2 - 2)$
$\mu_1 - \mu_2 \leqslant \delta$	$\mu_1 - \mu_2 > \delta$		$t \geqslant t_{1-\alpha}(n_1 + n_2 - 2)$
$\mu_1 - \mu_2 \geqslant \delta$	$\mu_1 - \mu_2 < \delta$	$S_w = \sqrt{\dfrac{(n_1-1)S_1^2 + (n_2-1)S_2^2}{n_1 + n_2 - 2}}$	$t \leqslant -t_{1-\alpha}(n_1 + n_2 - 2)$

3)单个正态总体方差的检验(χ^2 检验)

设 $X_1, X_2, \cdots, X_n$ 是来自正态总体 $N(\mu, \sigma^2)$ 的样本,μ, σ^2 均未知,给定显著性水平 α. 表 16-3 是单个正态总体在均值未知的条件下对方差的检验方法.

表 16-3 单正态总体方差的检验(均值未知)

原假设 H_0	备择假设 H_1	检验统计量	拒绝域
$\sigma^2 = \sigma_0^2$	$\sigma^2 \neq \sigma_0^2$	$\chi^2 = \dfrac{(n-1)S^2}{\sigma_0^2}$	$\chi^2 \geqslant \chi_{1-\alpha/2}^2(n-1)$ 或 $\chi^2 \leqslant \chi_{1-\alpha/2}^2(n-1)$
$\sigma^2 \leqslant \sigma_0^2$	$\sigma^2 > \sigma_0^2$		$\chi^2 \geqslant \chi_{1-\alpha}^2(n-1)$
$\sigma^2 \geqslant \sigma_0^2$	$\sigma^2 < \sigma_0^2$		$\chi^2 \leqslant \chi_{\alpha}^2(n-1)$

4)两个正态总体方差的检验(F 检验)

设 $X_1, X_2, \cdots, X_{n_1}$ 是来自正态总体 $N(\mu_1, \sigma^2)$ 的样本,$Y_1, Y_2, \cdots, Y_{n_2}$ 是来自正态总体 $N(\mu_2, \sigma^2)$ 的样本,且两个样本独立,$\mu_1, \mu_2, \sigma_1^2, \sigma_2^2$ 均未知. 给定显著性水平 α. 表 16-4 是两个正态总体方差的检验方法.

表 16-4　两正态总体方差的检验(均值未知)

原假设 H_0	备择假设 H_1	检验统计量	拒绝域
$\sigma_1^2=\sigma_2^2$	$\sigma_1^2\neq\sigma_2^2$		$F\geqslant F_{1-\alpha/2}(n_1-1,n_2-1)$ 或 $F\leqslant F_{\alpha/2}(n_1-1,n_2-1)$
$\sigma_1^2\leqslant\sigma_2^2$	$\sigma_1^2>\sigma_2^2$	$F=\dfrac{S_1^2}{S_2^2}$	$F\geqslant F_{1-\alpha}(n_1-1,n_2-1)$
$\sigma_1^2\geqslant\sigma_2^2$	$\sigma_1^2<\sigma_2^2$		$F\leqslant F_{1-\alpha}(n_1-1,n_2-1)$

2. 非参数检验

1) 偏度、峰度检验

随机变量 X 的偏度和峰度分别为 $\nu_1=\dfrac{E\big[(X-E(X))^3\big]}{(D(X))^{3/2}}$，$\nu_2=\dfrac{E\big[(X-E(X))^4\big]}{(D(X))^2}$，

若 X 是正态随机变量,则 $\nu_1=0,\nu_2=3$.

设 $X_1,X_2,\cdots,X_n$ 是来自总体 X 的样本, $B_k=\dfrac{1}{n}\sum\limits_{i=1}^{n}(X_i-\overline{X})^k,k=2,3,4$ 是样本 k

阶中心矩, $G_1=\dfrac{B_3}{B_2^{3/2}},G_2=\dfrac{B_4}{B_2^2}$ 是样本偏度和样本峰度,它们分别是 ν_1、ν_2 的矩估计量.

若总体 X 为正态变量,则当 n 充分大时,有

$$G_1\overset{近似}{\sim}N\Big(0,\frac{6(n-2)}{(n+1)(n+3)}\Big),$$

$$G_2\overset{近似}{\sim}N\Big(3-\frac{6}{n+1},\frac{24n(n-2)(n-3)}{(n+1)^2(n+3)(n+5)}\Big)$$

给定显著性水平 α,表 16-5 是正态总体的偏度、峰度检验方法.

表 16-5　正态总体的偏度、峰度检验

原假设 H_0	备择假设 H_1	检验统计量	拒绝域
X 是正态总体	X 不是正态总体	$U_1=\dfrac{G_1}{\sigma_1}$, $U_2=\dfrac{G_2-\mu_2}{\sigma_2}$	$\|u_1\|\geqslant z_{1-\alpha/4}$ 或 $\|u_2\|\geqslant z_{1-\alpha/4}$

其中 $\sigma_1=\sqrt{\dfrac{6(n-2)}{(n+1)(n+3)}}$，$\sigma_2=\sqrt{\dfrac{24n(n-2)(n-3)}{(n+1)^2(n+3)(n+5)}}$，$\mu_2=3-\dfrac{6}{n+1}$.

2) 秩和检验

设两个连续型总体,密度函数 $f_1(x),f_2(x)$ 均未知,但它们只差一个平移,即

$$f_1(x)=f_2(x-a)$$

其中 a 为未知常数,要检验两个总体是否相等. 特别地,若两个总体的均值 μ_1 和 μ_2 均存在,故有 $\mu_2=\mu_1-a$,因此,上述检验等价于检验两个总体的均值是否相等.

设 $X_1,X_2,\cdots,X_{n_1}$ 是来自总体 X 的一个样本, $Y_1,Y_2,\cdots,Y_{n_2}$ 是来自正态总体 Y 的一个样本,且 $n_1\leqslant n_2$.将两个样本合在一起

$$X_1,X_2,\cdots,X_{n_1},Y_1,Y_2,\cdots,Y_{n_2}$$

记合样本的秩统计量为 $R_1, R_2, \cdots, R_{n_1+n_2}$，以 $R_i(i=1,2,\cdots,n_1)$ 表示 X_i 在合样本中的秩，$R_{n_1+i}(i=1,2,\cdots,n_2)$ 表示 Y_i 在合样本中的秩，取秩和统计量 $R=\sum_{i=1}^{n_1} R_i$，当两个总体相等时，R 的观测值 r 应该不会太大或太小. 给定显著性水平 α，表 16-6 是秩和检验方法.

表 16-6　秩和检验

原假设 H_0	备择假设 H_1	检验统计量	拒绝域
$\mu_1=\mu_2$	$\mu_1\neq\mu_2$		$r\leqslant C_U\left(\frac{\alpha}{2}\right)$ 或 $r\geqslant C_L\left(\frac{\alpha}{2}\right)$
$\mu_1=\mu_2$	$\mu_1<\mu_2$	$R=\sum_{i=1}^{n_1} R_i$	$r\leqslant C_U\left(\frac{\alpha}{2}\right)$
$\mu_1=\mu_2$	$\mu_1>\mu_2$		$r\geqslant C_L\left(\frac{\alpha}{2}\right)$

16.3　实 验 内 容

16.3.1　参数估计

1. 点估计

表 16-7 是矩估计法与最大似然估计法的函数表.

表 16-7　点估计函数

函数	点估计方法	调用格式	功能
moment	矩估计法	m=moment(x,k)	返回 x 的 k 阶中心矩
mle	最大似然估计法	M=mle('dist',x)	返回指定分布 dist 的最大似然估计量

例 16-1　使用一测量仪器对同一皮带轮直径进行 12 次独立测量，其结果（单位：毫米）为

232.50	232.48	232.15	232.53	232.45	232.48
232.05	232.45	232.60	232.30	232.30	232.47

设皮带轮直径的测量值服从正态分布，分别用矩估计法和最大似然估计法估计测量值的真值和标准差.

解　MATLAB 命令窗口输入

```
>> x= [232.50 232.48 232.15 232.53 232.45 232.48 232.05 232.45
        232.60 232.30 ...232.30 232.47];
>> mu= mean(x)
    mx=
        232.3967
>> sx= sqrt(moment(x,2))
    sx=
        0.1566
>> fx= mle( 'norm',x)
```

```
fx=
      232.3967      0.1566
```

结果:(1)皮带轮直径的估计量为 232.3967,标准差为 0.1566;(2)矩估计法与最大似然估计法估计结果一致.

2. 区间估计

表 16-8 是参数估计函数表.

表 16-8　参数估计函数

函数	参数估计对应分布	调用格式
binofit	二项分布	p＝binofit(x,n) [p,pci]＝binofit(x,n,alpha)
poissfit	泊松分布	lambdah＝poissfit(x) [lambdah, lambdahci]＝poissfit(x,alpha)
uniffit	均匀分布	[a,b]＝uniffit(x) [a,b,aci,bci]＝uniffit(x,alpha)
expfit	指数分布	lambdah＝expfit(x) [lambdah, lambdahci]＝expfit(x,alpha)
normfit	正态分布	[mu,sigma]＝normfit(x) [mu,sigma,muci,sigmaci]＝normfit(x,alpha)

调用上述函数,对参数进行最大似然估计并计算 $100(1-\text{alpha})$ 的置信区间,alpha 的默认值为 0.05.

例 16-2　对飞机的飞行速度进行 15 次独立试验,测得飞机的最大飞行速度(米/秒)为

422.2	418.7	425.6	420.3	425.8
423.1	431.5	428.2	438.3	434.0
412.3	417.2	413.5	441.3	423.7

根据长期经验,可以认为最大飞行速度服从正态分布,求最大飞行速度的期望和标准差的 95% 置信区间.

解　MATLAB 命令窗口输入

```
>> x=[422.2 418.7 425.6 420.3 425.8 423.1 431.5 428.2 438.3 434.0
     412.3 417.2 413.5... 441.3 423.7];
>> [mu,sigma,muci,sigmaci]= normfit(x)
mu=
     425.0467
sigma=
       8.4783
muci=
     420.3516
```

```
         429.7418
sigmaci=
              6.2072
             13.3711
```

结果:(1)最大飞行速度的期望估计值为 425.0467,95％置信区间是[420.3516, 429.7418];

(2) 标准差估计值为 8.4783,95％置信区间是[6.2072, 13.3711].

16.3.2 假设检验

1. 参数检验

表 16-9 是正态总体的参数检验函数表.

表 16-9 正态总体的参数检验函数

函数	检验内容	调用格式
ztest	单总体方差已知的均值检验(Z 检验)	h＝ztest(x,m,sigma) h＝ztest(x,m,sigma,alpha) [h,sig,ci]＝ztest(x,m,sigma,alpha,tail)
ttest	单总体方差未知的均值检验(t 检验)	h＝ ttest(x, m) h＝ ttest(x, m, alpha) [h, sig,ci]＝ ttest(x,m,alpha,tail)
ttest2	两总体方差未知的均值差检验(t 检验)	h＝ ttest2(x, y) h＝ ttest2(x, y, alpha) [h, significance,ci]＝ ttest2(x,y,alpha,tail)

注:①$h＝0$ 表示不能拒绝零假设,$h＝1$ 表示拒绝零假设.②sig 表示检验统计量在观测值 x 的均值 m 的零假设下较大或统计意义上较大的概率值.③ci 是真实均值的 $100(1-\alpha)\%$ 的置信区间.④alpha 的缺省值为 0.05.⑤tail 表示备择假设类型:$tial＝0$,备择假设为 $\mu\neq m$(缺省值);$tial＝1$,备择假设为 $\mu>m$;$tial＝-1$,备择假设为 $\mu<m$.

例 16-3 随机地从一批钉子中抽取 16 枚,测得其长度为(单位:cm)

2.14	2.10	2.13	2.15	2.13	2.12	2.13
2.15	2.12	2.14	2.10	2.13	2.11	2.14

设钉子长度服从 $N(\mu,0.017^2)$,是否可以认为钉子长度的均值在 0.05 的水平上小于 2.12.

解 依题意,需要检验

$$H_0:\mu\geq2.12,\quad H_1:\mu<2.12$$

MATLAB 命令窗口输入

```
>> x= [2.14 2.10 2.13 2.15 2.13 2.12 2.13 2.10 2.15 2.12 2.14 2.10
       2.13 2.11 2.14 2.11];
>> [h,sig,ci]= ztest(x,2.12,0.017,0.05,-1)
```

```
h=
    0
sig=
    0.8803
ci=
    -Inf    2.1320
```

检验结果：$h=0,sig=0.8803>0.05$，接受 H_0，即认为钉子长度的均值在 0.05 的水平上不小于 2.12.

例 16-4 某电子元件的寿命服从 $N(\mu,\sigma^2)$，从某天生产的产品中抽取 15 件，测得元件寿命为（单位：小时）

300	278	291	283	310	265	253	284
249	290	275	263	320	305	281	

是否可以认为元件平均寿命在 0.05 水平上大于 270 小时.

解 依题意，需要检验

$H_0:\mu\leqslant270,\quad H_1:\mu>270$

MATLAB 命令窗口输入

```
>> x= [300 278 291 283  310 265 253 284 249 290 275 263 320 305 281];
>> [h,sig,ci]= ttest(x,270,0.05,1)
h=
    1
sig=
    0.0131
ci=
    273.8310        Inf
```

检验结果：$h=1,sig=0.0131<0.05$，拒绝 H_0，即认为电子元件平均寿命在 0.05 水平上大于 270 小时.

例 16-5 某农场为了试验磷肥与氮肥能否提高水收获量，任选试验田 18 块，每块面积为 $1/20$ 亩，进行试验. 试验结果：不施肥的 10 块试验田的收获量分别为 $8.6,7.9,9.3,$ $10.7,11.2,11.4,9.8,9.5,10.1,8.5$（单位：市斤），其余 8 块试验田在播种以前施加磷肥，播种后又施加三次氮肥，其收获量分别为 $12.6,10.2,11.7,12.3,11.1,10.5,10.6,12.2$. 假定施肥与不施肥的收获量都服从正态分布，且方差相等，施肥后的试验田是否提高了收获量.

解 检验问题表达为

$$H_0:\mu_1\leqslant\mu_2,\quad H_1:\mu_1>\mu_2$$

MATLAB 命令窗口输入

```
>> x= [8.6 7.9 9.3 10.7 11.2 11.4 9.8 9.5 10.1 8.5];
>> y= [12.6 10.2 11.7 12.3 11.1 10 10.6 12.2];
>> [h,sig,ci]= ttest2(x,y,0.05,1)
h=
```

```
    0
sig=
    0.9968
ci=
    -2.5512        Inf
```

检验结果 $h=0,sig=0.9968>0.05$,接受 H_0,认为不施肥的收获量不高于施肥的收获量. 又检验:

$$H_0:\mu_1=\mu_2, \quad H_1:\mu_1\neq\mu_2$$

```
>> [h,sig,ci]= ttest2(x,y,0.05,0)
h=
    1
sig=
    0.0065
ci=
    -2.7470  - 0.5280
```

检验结果 $h=1$,拒绝 H_0,认为不施肥与施肥的收获量不相等.

综上两条,得结论:每块试验田施肥后的平均收获量高于不施肥的平均收获量 $1\sim3$ 斤.

2. 分布检验

表 16-10 是分布检验函数表.

表 16-10 分布检验函数

函数	检验内容	调用格式
jbtest	单总体正态分布的 Jarque-Bera 检验(偏度、峰度检验,大样本)	H=jbtest(x) H =jbest(x, alpha) [H,P,JBSTAT,CV]=jbtest(x,alpha)
lillietest	单总体正态分布的 lilliefors 检验(小样本)	H= lillietest (x) H= lillietest (x, alpha) [H,P,LSTAT,CV]= lillietest (x, alpha)
kstest	单总体指定分布的 Kolmogorov-Smirnov 检验	H=kstest(x) H= kstest(x, cdf) [H,P,KSSTAT,CV]= kstest(x,cdf)
ranksnm	两总体同分布的 Wilcoxon 秩和检验	p= ranksnm (x,y,alpha) [p,h]= ranksnm (x,y,alpha)

注:①$H=0$ 表示不能拒绝零假设,$H=1$ 表示拒绝零假设. ②P 为检验的 p-值. ③JBSTAT 、LSTAT、KSSTAT 为检验统计量的值. ④CV 为确定是否拒绝零假设的临界值. ⑤alpha 的缺省值为 0.05. ⑥p 为检验的显著性概率. ⑦h=0 表示两总体没有显著差异,

$h=1$ 表示两总体有显著差异.

例 16-6　下面列出的是某工厂随机选取的 20 只部件的装配时间（单位：分）

9.8	10.4	10.6	9.6	9.7	9.9	10.9	11.1	9.6	10.2
10.3	9.6	9.9	11.2	10.6	9.8	10.5	10.1	10.5	9.7

可否认为部件的装配时间服从正态分布？

　　解　设 X 表示部件的装配时间，采用 lilliefors 检验

$H_0:X$ 服从正态分布，$H_1:X$ 不服从正态分布

MATLAB 命令窗口输入

```
>> x= [9.8 10.4 10.6 9.6 9.7 9.9 10.9 11.1 9.6 10.2 10.3 9.6 9.9 11.2 10.6
9.8 10.5 10.1 ...
10.5 9.7];
>> [h,p,lstat,cv]= lillietest(x)
h=
    0
p=
    0.1134
lstat=
     0.1719
cv=
    0.1900
```

检验结果：$h=0$，接受部件的装配时间服从正态分布的假设.

例 16-7　1978 年至 1999 年全国居民消费数据如下（单位：元）

184	207	236	262	284	311	354	437
485	550	693	762	803	896	1070	1331
1746	2336	2641	2834	2972	3180		

试检验该组数据是否服从指数分布？

　　解　设 X 表示每年全国居民的消费数据，采用 kstest 检验

$$H_0:X \text{ 服从指数分布，} H_1:X \text{ 不服从指数分布}$$

MATLAB 命令窗口输入

```
>> x= [184;207;236;262;284;311;354;437;485;550;693;762;803;
    896;1070;1331; ...1746;2336;2641;2834;2972;3180];
>> lambdah= mle('exp',x);
>> [h,p,k,cv]= kstest(x,[x expcdf(x,lambdah)])
h=
    0
p=
    0.6539
k=
```

```
    0.1519
cv=
    0.2809
```

检验结果：$h=0$，接受 H_0，认为每年全国居民的消费数据服从指数分布.

例 16-8 下面是两个文学家马克·吐温的 8 篇小品文以及斯诺特格拉斯的 10 篇小品文中由 3 个字母组成的单字比例：

马克·吐温	0.225	0.262	0.217	0.240	0.230	0.229	0.235	0.217
斯诺特格拉斯	0.209	0.205	0.196	0.210	0.202	0.207	0.224	0.223
	0.220	0.201						

设两样本相互独立，总体的概率密度至多只差一个平移，可否认为两个作家所写的小品文中由 3 个字母组成的单字比例有显著差异？

解 设 X 和 Y 分别表示两个作家的小品文中 3 个字母组成的单字比例，采用 Wilcoxon 秩和检验.

$$H_0: \mu_1 = \mu_2, \quad H_1: \mu_1 \neq \mu_2$$

MATLAB 命令窗口输入

```
>> x= [0.225 0.262 0.217 0.240 0.230 0.229 0.235 0.217];
>> y= [0.209 0.205 0.196 0.210 0.202 0.207 0.224 0.223 0.220 0.201];
>> [p,h]= ranksum(x,y)
p=
    0.0012
h=
    1
```

检验结果：$p=0.0012<0.05$，$h=1$，拒绝 H_0，认为两个作家所写的小品文中由 3 个字母组成的单字比例有显著差异.

16.3.3 综合应用

例 16-9 通过某路口的每辆汽车发生交通事故的概率为 p（很小），在某时间段内有 n（很大）辆汽车通过此路口，试估计发生事故的平均数，并分别讨论置信度为 90%，95%，99% 的置信区间，要求结果稳定.

解 设 X 为 n 辆汽车通过路口的交通事故数，则 $X \sim b(n,p)$. 由于 n 很大，p 很小，所以考虑 $X \sim \pi(\lambda)$，其中 $\lambda = np$. 取 $n=1000$，$p=0.0001$，通过模拟估计 λ 的真值和置信度为 90%，95%，99% 的置信区间.

编辑函数文件 eg16_3.m

```
[k,m,mr,L]= eg16_3(n,p)
r= n* p;
alpha= [0.1 0.05 0.01];
k= 1;
m= zeros(1,3);
mr= zeros(3,2);
```

```
err= 0.001;
w= 1;
while w> err
        m0= m;
        k= k+ 1;
        for i= 1:3
                h= poissrnd(r,n,k);
                [R,Rin]= poissfit(h,alpha(i));
                m(i)= mean(R);
                mr(i,:)= mean(Rin');
        end
        w= max(abs(m-m0));
end
L= mr(:,2)-mr(:,1);
```

MATLAB 命令窗口输入

```
>> [k,m,mr,L]= eg16_3(1000,0.0001)
```

MATLAB 命令窗口输出结果见表 16-11.

表 16-11   1000 辆车平均事故数及置信区间估计

置信度	平均事故数	置信区间	置信区间长度
0.9%	0.0977	[0.0818, 0.1149]	0.0331
0.95%	0.0997	[0.0807, 0.1204]	0.0397
0.99%	0.1012	[0.0761, 0.1283]	0.0522

结论:(1)1000 辆车在该时段的平均事故数接近 0.1,验证了 $\lambda=np$ 的理论结果;(2)置信度越高,置信区间长度越长,包含参数真值的概率就越大.

例 16-10   农机站对某种大麦进行改良试验,为考察大麦生长及收成情况,在一块试验田里随机抽取了 100 个麦穗,量得长度为(单位:cm)如下:

6.5	6.4	6.7	5.8	5.9	5.9	5.2	4.0	5.4	4.6
5.8	5.5	6.0	6.5	5.1	6.5	5.3	5.9	5.5	5.8
6.2	5.4	5.0	5.0	6.8	6.0	5.0	5.7	6.0	5.5
6.8	6.0	6.3	5.5	5.0	6.3	5.2	6.0	7.0	6.4
6.4	5.8	5.9	5.7	6.8	6.6	6.0	6.4	5.7	7.4
6.0	5.4	6.5	6.0	6.8	5.8	6.3	6.0	6.3	5.6
5.3	6.4	5.7	6.7	6.2	5.6	6.0	6.7	6.7	6.0
5.5	6.2	6.1	5.3	6.2	6.8	6.6	4.7	5.7	5.7
5.8	5.3	7.0	6.0	6.0	5.9	5.4	6.0	5.2	6.0
5.3	5.7	6.8	6.1	4.5	5.6	6.3	6.0	5.8	6.3

根据这批数据分析大麦生长状况.

解 设 X 表示麦穗长度

（1）考察大麦穗长的分布情况，绘制频数直方图

MATLAB 命令窗口输入

```
>> x= [6.5 6.4 6.7 5.8 5.9 5.9 5.2 4.0 5.4 4.6 5.8 5.5 6.0 6.5 5.1
    6.5 5.3 5.9 5.5 5.8 …
    6.2 5.4 5.0 5.0 6.8 6.0 5.0 5.7 6.0 5.5 6.8 6.0 6.3 5.5 5.0 6.3
    5.2 6.0 7.0 6.4 …
    6.4 5.8 5.9 5.7 6.8 6.6 6.0 6.4 5.7 7.4 6.0 5.4 6.5 6.0 6.8 5.8
    6.3 6.0 6.3 5.6 …
    5.3 6.4 5.7 6.7 6.2 5.6 6.0 6.7 6.7 6.0 5.5 6.2 6.1 5.3 6.2 6.8
    6.6 4.7 5.7 5.7 …
    5.8 5.3 7.0 6.0 6.0 5.9 5.4 6.0 5.2 6.0 5.3 5.7 6.8 6.1 4.5 5.6
    6.3 6.0 5.8 6.3] ';
>> figure(1)
>> histfit(x,13)
```

图形如图 16-1 所示.

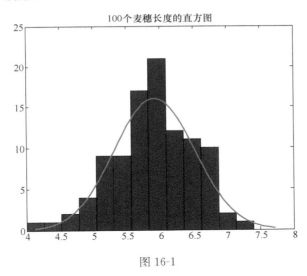

图 16-1

（2）观察直方图，初步认为 X 服从正态分布，采用 Jarque-Bera 检验，设 $\alpha = 0.01$

$$H_0: X \text{ 服从正态分布}, H_1: X \text{ 不服从正态分布}$$

MATLAB 命令窗口输入

```
>> alpha= 0.01;
>> [h,p,jbstat,cv]= jbtest(x, alpha)
h=
    0
p=
    0.3283
```

```
jbstat=
    2.2274
cv=
    9.2103
```

检验结果：$h=0$，接受 H_0，认为大麦穗长服从正态分布．

（3）进一步估计均值、标准差，以及置信度为 99% 的置信区间

MATLAB 命令窗口输入

```
>> [m,s,mci,sci]= normfit(x, alpha)
m=
    5.9190
s=
    0.5993
mci=
    5.7616
    6.0765
sci=
    0.5058
    0.7311
```

参数估计结果见表 16-12．

表 16-12　麦穗长度的参数估计

总体参数	最大似然估计值	置信度为 99% 的置信区间
均值 μ	5.9190	[5.7616 , 6.0765]
标准差 σ	0.5993	[0.5058 , 0.7311]

由于数据抽取的随机性，任意抽取一组容量为 100 的观测值，即可得到总体参数的估计量和置信区间，而这些置信区间中有 99% 的包含总体参数的真值．

（4）比较 X 的经验累计分布函数图与正态分布 $N(5.9190, 0.5993^2)$ 的分布函数图

MATLAB 命令窗口输入

```
>> figure(2)
>> cdfplot(x)
>> hold on
>> X= 4：0.1：7.5;
>> Y= normcdf(X,m,s);
>> plot(X,Y,'r--')
>> hold off
```

图形如图 16-2 所示．

选择总体均值估计量为 5.9190，标准差估计量为 0.5993 的正态分布，绘制的分布函数曲线与样本累计分布函数曲线很接近，拟合度较好．为了解两条曲线的最大差异，作进一步检验．

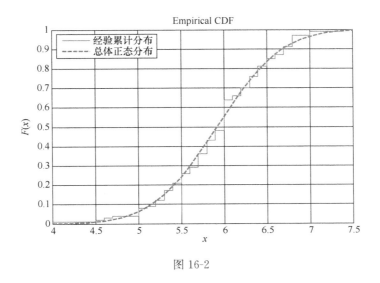

图 16-2

（5）求经验累计分布与正态分布的最大绝对误差

MATLAB 命令窗口输入

```
>> [h,p,k,cv]= kstest(x,[x,normcdf(x,m,s)], alpha,0)
h=
     0
p=
    0.4300
k=
    0.0862
cv=
    0.1608
```

检验结果表明：两条曲线的最大绝对误差值为 0.0862，出现在 $x=6$ 处.

综上分析，大麦穗长服从正态分布，均值与标准差的 99% 置信区间长度为 0.3148 和 0.2254，说明大麦长势稳定，可与改良前数据作对比分析，进一步做出科学、合理的推断.

16.4 实 验 任 务

1. 随机抽取 8 只活塞环，测得它们的直径为（单位：mm）

74.001	74.005	74.003	74.001
74.000	73.998	74.006	74.002

设活塞环直径的测量值服从正态分布，分别用矩估计法和最大似然估计法估计总体的方差.

2. 一批钢件的 20 个样品的屈服点（单位：T/cm^2）为

4.98	5.11	5.20	5.20	5.11	5.00	5.61	4.88

| 5.27 | 5.38 | 5.46 | 5.27 | 5.23 | 4.96 | 5.35 | 5.15 |
| 5.35 | 4.77 | 5.38 | 5.54 | | | | |

设屈服点(近似)服从正态分布,求屈服点期望和标准差的 99% 置信区间.

3. 安装一新仪器,希望元件尺寸的均值保持原来水平,原仪器元件尺寸的均值为 3.278 寸,均方差为 0.002 寸.现测量 10 个新元件(单位:寸),得到数据

| 3.281 | 3.276 | 3.278 | 3.286 | 3.279 |
| 3.278 | 3.281 | 3.279 | 3.280 | 3.277 |

设元件尺寸服从正态分布,可否认为新、旧仪器的元件尺寸均值有显著差别?

4. 某厂生产乐器用合金弦线,其抗拉强度服从均值为 10560(kg/cm^2)的正态分布. 现从一批产品中随机抽取 10 根,测量其抗拉强度(单位:kg/cm^2)为

| 10512 | 10623 | 10668 | 10554 | 10776 |
| 10707 | 10557 | 10581 | 10666 | 10670 |

问这批产品的抗拉强度有无显著变化($\alpha=0.05$, $\alpha=0.01$).

5. 杜鹃总是把蛋生在别的鸟巢中,现在有从两种鸟巢中得到的杜鹃蛋共 24 只,其中 9 只来自一种鸟巢,15 只来自另一鸟巢.测得杜鹃蛋的长度(单位:mm)为

样本 1	21.2	21.6	21.9	22.0	22.0	22.2	22.8	22.9	23.2
样本 2	19.8	20.0	20.3	20.8	20.9	20.9	21.0	21.0	21.0
	21.2	21.5	22.0	22.0	22.1	22.3			

假设两个样本来自同方差的正态分布,试鉴别两个样本均值的差异是仅由随机因素造成的,还是与它们被发现的鸟巢不同有关.

6. 某中药厂从某种药材中提取某种有效成分.为了进一步提高得率(得率是药材中提取的有效成分的量与进行提取的药材的量的比),改革提炼方法,现在对同一质量的药材,用旧方法与新方法各做了 10 次试验,其得率分别为

旧方法	75.5	77.3	76.2	78.1	74.3	72.4	77.4
	78.4	76.7	76.0				
新方法	77.3	79.1	79.1	81.0	80.2	79.1	82.1
	80.0	77.3	79.1				

设两个样本相互独立,且分别来自正态总体 $N(\mu_1, \sigma^2)$ 和 $N(\mu_2, \sigma^2)$,均值和方差都未知. 问新方法是否能提高得率?(取 $\alpha=0.01$)

7. 如果一个矩形的宽度与长度的比接近 0.618,则称为黄金矩形.这种尺寸的矩形使人们看上去有良好的感觉,现代的建筑构件、工艺品等都采用黄金矩形.下面是某工艺品厂随机抽取的 20 个矩形的宽度与长度的比值

0.693	0.749	0.654	0.670	0.662	0.672	0.615	0.606
0.690	0.628	0.668	0.611	0.606	0.609	0.601	0.553
0.570	0.844	0.576	0.933				

可否认为该工厂生产的矩形的宽度与长度之比服从正态分布?

8. 在一大批相同型号的电子元件中随机地抽取 10 只作寿命试验,测得它们的使用

寿命(单位:小时)为

| 420 | 500 | 920 | 1380 | 1510 |
| 1650 | 1760 | 2100 | 2320 | 2350 |

可否认为电子元件的使用寿命服从指数分布?

9. 从某铜矿的东西两段各抽取 10 个样品,测得含铜量为

| 东段铜含量 | 28 | 20 | 4 | 32 | 8 | 12 | 16 | 48 | 8 | 20 | |
| 西段铜含量 | 20 | 11 | 13 | 10 | 45 | 15 | 11 | 13 | 25 | 28 | 8 |

设两样本相互独立,且含铜量的概率密度至多只差一个平移,问铜矿东西两段的含铜量有无显著差异?

10. (捕鱼问题)设湖中有 N 条鱼,现捕出 r 条,做上记号后放回湖中(设记号不消失),一段时间后,再从湖中捕出 s 条(设 $s \geqslant r$),其中有 t 条($0 \leqslant t \leqslant r$)标有记号.需要想一办法,估计湖中的鱼数 N 的值.

实验 17 投 资 收 益

17.1 实 验 目 的

（1）了解投资组合的决策问题如何建立优化模型.
（2）了解如何将双目标优化模型转化为单目标优化问题.
（3）学习利用 MATLAB 优化工具箱求解优化模型.
（4）学习利用 MATLAB 的循环技术实现组合方案的模拟.

17.2 预 备 知 识

优化问题即是在约束条件下求解目标函数的最优问题，一般包括 3 要素.

1. 决策变量

决策变量是由数学模型的解确定的未知数，一般用 n 维向量 $x=(x_1,x_2,\cdots x_n)^T$ 表示.

2. 目标函数

需要优化的目标的数学表达式，它是决策变量 x 的函数.

3. 约束条件

对决策变量的限制，表示为含决策变量的等式或不等式.

如果决策变量为可控的连续变量，目标函数和约束条件都是线性的，则称为线性规划问题，数学模型为

$$\min \quad f=c^T x$$
$$\text{s.t.} \cdot \begin{cases} Ax \leqslant b \\ Aeq \cdot x = beq \\ l \leqslant x \leqslant u \end{cases} \tag{17.1}$$

其中 $c=(c_1,c_2,\cdots,c_n)^T$，$c_i \in \mathbf{R}$，$i=1,2,\cdots,n$，s.t. 表示约束条件.

4. MATLAB 软件提供 linprog 函数求解优化模型(17.1)，其调用形式为

```
[x,f]= linprog(c,A,b,Aeq,beq,l,u)
```

17.3 实 验 内 容

17.3.1 投资决策问题

某开放式基金现有总额为 M 的资金可用于一个时期的投资，通过市场调研精选了 4 个投资项目 $s_i(i=1,2,3,4)$. 假设这一时期内购买项目 s_i 的平均收益率为 r_i；风险损失率为 q_i；购买 s_i 时要付交易费（费率 p_i），当购买额不超过给定值 u_i 时，交易费按购买了 u_i 计算；另外同期银行存款利率是 r_0，既无交易费又无风险($r_0=5\%$). 投资越分散，总的风险越小，总体风险可用投资的 s_i 中最大的一个风险来度量.

试给该基金设计一种投资组合方案,有选择地进行投资或存银行生息,使净收益尽可能大,使总体风险尽可能小.

各项数据如表 17-1 所示.

表 17-1　投资项目的相关数据

s_i	$r_i(\%)$	$q_i(\%)$	$p_i(\%)$	$u_i(元)$
s_1	28	2.5	1	103
s_2	21	1.5	2	198
s_3	23	5.5	4.5	52
s_4	25	2.6	6.5	40

17.3.2　符号说明

M:可用于投资的资金数量;

s_i:第 i 种投资项目,如股票,债券,房产,其中 s_0 表示银行定存项目;

r_i:项目 s_i 的平均收益 ,其中 r_0 表示同期银行利率;

q_i:项目 s_i 的风险损失率,其中 $q_0 = 0$;

p_i:项目 s_i 的交易费率,其中 $p_0 = 0$;

u_i:项目 s_i 的交易费的最低交易额;

x_i:项目 s_i 的投资资金数量;

Q:总体收益;

c:最高投资风险度;

k:最低收益比例.

17.3.3　问题假设

根据投资决策问题要求和投资基本理念,作以下基本假设

(1) 总体风险用投资项目 s_i 中最大的一个风险来度量;

(2) 在投资的这一时期内 r_i, q_i, p_i, u_i 为定值;

(3) 净收益和总体风险只受 r_i, q_i, p_i, u_i 的影响.

17.3.4　模型建立及求解

由于该问题为基金投资,因此可认为资金数量 M 远大于基金交易费的最低交易额,因此不考虑最低交易费不足这一因素,则购买项目 s_i 的净收益为 $(r_i - p_i)x_i$.

根据投资决策问题要求,需要总的净收益最大,即

$$\max \quad f = \sum_{i=0}^{4} (r_i - p_i)x_i$$

总体风险用所投资的 s_i 中最大的一个风险来衡量,需要总体风险最小,即

$$\min(\max\{q_i x_i\}) \quad (i = 1, 2, 3, 4)$$

由上述分析,建立模型:

目标函数
$$\begin{cases} \max \quad f = \sum_{i=0}^{4} (r_i - p_i) x_i \\ \min\{\max\{q_i x_i\}\} \end{cases} \tag{17.2}$$

约束条件
$$\begin{cases} \sum_{i=0}^{4} (1 + p_i) x_i = M \\ x_i \geqslant 0 \quad (i = 0, 1, 2, 3, 4) \end{cases} \tag{17.3}$$

模型 (17.2) 需要在约束条件下求解两个目标函数, 称为多目标问题, 若在风险固定基础上求最大收益, 即可将上述模型化简为单目标问题.

根据投资决策问题, 在实际投资中, 投资者承受风险的程度不一样, 若给定总体风险比例为 b, 则最大的投资风险 $q_i x_i \leqslant bM$, 即得相应投资方案, 因此模型 (17.2) 转化为

目标函数
$$\max \quad f = \sum_{i=0}^{4} (r_i - p_i) x_i \tag{17.4}$$

约束条件
$$\begin{cases} q_i x_i \leqslant bM \\ \sum_{i=0}^{4} (1 + p_i) x_i = M \\ x_i \geqslant 0 \quad (i = 0, 1, 2, 3, 4) \end{cases} \tag{17.5}$$

进一步将目标函数 (17.2) 转化下为

$$\min \quad f = \sum_{i=0}^{4} (p_i - r_i) x_i$$

取资金数量为 $M=1$, 此时线性规划模型为

$$\min \quad f = -0.05 x_0 - 0.27 x_1 - 0.19 x_2 - 0.185 x_3 - 0.185 x_4$$

$$s \cdot t \cdot \begin{cases} x_0 + 1.01 x_1 + 1.02 x_2 + 1.045 x_3 + 1.065 x_4 = 1 \\ 0.025 x_1 \leqslant b \\ 0.015 x_2 \leqslant b \\ 0.055 x_3 \leqslant b \\ 0.026 x_4 \leqslant b \\ x_i \geqslant 0 (i = 0, 1, 2, 3, 4) \end{cases} \tag{17.6}$$

在上述问题中, 风险系数 b 的取值依赖于投资者的偏好、市场环境等因素, 考虑风险从零开始进行搜索, 设置搜索结束条件为收益误差不超过 10^{-10}, 编写 MATLAB 程序 eg17.m, 求解模型 (17.6).

```
err=10^(-10);
c=[-0.05 -0.27 -0.19 -0.185 -0.185];
A=[0 0.025 0 0 0;0 0 0.015 0 0;0 0 0 0.055 0;0 0 0 0 0.026];
b=[0;0;0;0];
Aeq=[1 1.01 1.02 1.045 1.065];
beq=[1];
vlb=[0,0,0,0,0];vub=[];
[x0,f0]=linprog(c,A,b,Aeq,beq,vlb,vub);
k=[0];x=x0;f=f0;
```

```
for k1=0.001:0.001:0.1
    b=k1 * ones(4,1);
    [x1,f1]=linprog(c,A,b,Aeq,beq,vlb,vub);
    if abs(f1-f0)<err
        break
    end
    k=[k k1];x=[x x1];f=[f f1];
    x0=x1;f0=f1;
end
plot(k,-f,'r * ')
xlabel('风险 k')
ylabel('收益 f')
title('投资风险——收益')
out=['风险/','最大收益% /','银行定存量/','产品 1 数量/','产品 2 数量/',
'产品 3 数量/','产品 4 数量/']
out_data=[k',-f',x']
```

运行该程序,风险和收益的关系参见如图 17-1 所示,部分结果见表 17-2.

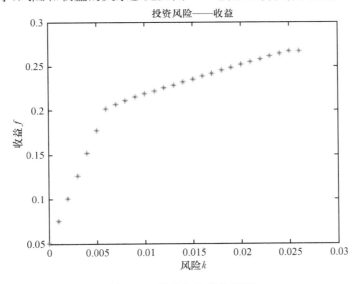

图 17-1　风险与收益关系图

表 17-2　风险与投资收益关系

风险系数	收　益	银行定存量	s_1	s_2	s_3	s_4
0	0.0500	1.0000	0.0000	0.0000	0.0000	0.0000
0.0050	0.1776	0.1582	0.2000	0.3333	0.0909	0.1923
0.0100	0.2190	0.0000	0.4000	0.5843	0.0000	0.0000
0.0150	0.2354	0.0000	0.6000	0.3863	0.0000	0.0000
0.0200	0.2518	0.0000	0.8000	0.1882	0.0000	0.0000
0.0250	0.2673	0.0000	0.9901	0.0000	0.0000	0.0000

结果分析

（1）从图 17-1 表明，收益是风险的递增函数，即风险大，收益也大.

（2）分析表 17-2 数据，当投资越分散时，投资者承担的风险越小，这与题意一致（若将资金全部用作银行定存，则不称作投资）. 即冒险的投资者会出现集中投资的情况，保守的投资者则尽量分散投资.

（3）分析结果，在风险系数为 0.006 后收益增量明显减小，因此若对收益没有特别要求且能承受一定风险的投资者，选择此时的投资分配最为适合. 此时银行定存为 0，四种投资分别占用 24%，40%，10.91%，22.12%，总收益比例 20.19%，即用 0.6% 的风险获得 20.19% 的收益是值得投资的.

17.3.5　模型思考

以上对模型（17.2）的化简是建立在固定风险基础上求最大收益，若考虑固定盈利水平，则极小化风险.

假设投资者希望总盈利比例至少达到水平 $k = \dfrac{Q-M}{M}$ 以上，即在固定总盈利比例 k 基础上，寻找风险最小的投资组合，则模型（17.2）化为

目标函数

$$R = \min\{\max\{q_i x_i\}\}. \tag{17.7}$$

约束条件

$$
\begin{cases}
\displaystyle\sum_{i=0}^{4}(r_i - p_i)x_i \geqslant M(1+k) \\
\displaystyle\sum_{i=0}^{4}(1+p_i)x_i = M \\
x_i \geqslant 0, \quad i = 0,1,2,3,4
\end{cases}
\tag{17.8}
$$

17.4　实　验　任　务

1.（配棉问题）棉纺厂的主要原料是棉花，一般要占总成本的 70% 左右. 所谓配棉，即是根据棉纱的质量指标，采用各种价格的棉花，按一定的比例配制成纱，使其达到质量指标，又使总成本最低.

棉纱的质量指标一般由棉结和品质指标来决定. 这两项指标都可用数量形式来表示. 一般来讲，棉结颗粒越少越好，品质指标越大越好.

现有一个年纺纱能力为 15000 锭的小厂的某一产品 32D 纯棉纱的棉花配比、质量指标及单价，如表 17-3 所示.

表 17-3 棉花配比、质量指标及单价

原料品名	单价(元/吨)	混合比(%)	棉结(粒)	品质指标	混棉价格(元/吨)
国棉 131	8400	25	60	3800	2100
国棉 229	7500	35	65	3500	2625
国棉 327	6700	40	80	2500	2680
平均合计		100	70	3175	7405

有关部门对 32D 纯棉纱规定的质量指标为:棉结不多于 70 粒,品质指标不小于 2900,要求为该厂确定此品种的配棉方案,使得混棉单价最小.

2. (农业生产计划问题)某村计划在 100 公顷的土地上种植 A、B、C 三种农作物. 可以提供的劳力、粪肥和化肥等资源的数量,种植每公顷作物所需三种资源的数量,以及能够获得的利润如表 17-4 所示.

表 17-4 种植投入产出

农作物 \ 资源和利润	用工	粪肥(吨)	化肥(吨)	利润(元)
A	450	35	350	1500
B	600	25	400	1200
C	900	30	300	1800
可提供资源	63000	3300	3300	

其中一个劳动力干一天为 1 个工. 现要求为该村制定一个农作物的种植计划,确定每种农作物的种植面积,使得总利润最大.

3. (资金最优方案问题)设有 400 万元资金,要求 4 年内使用完,若在一年内使用资金 x 万元,则可获得效益 $\sqrt{x}$ 万元(效益不能再使用),当年不使用的资金可存入银行,年利率为 10%,试制定出这笔资金的实用方案,以使 4 年的经济效益总和最大.

4. (厂址选择问题)考虑 A、B、C 三地,每地都出产一定数量的原料,也消耗一定数量的产品(见表 17-5). 已知制成每吨产品需 3 吨原料,各地之间的距离为:A-B:150km,A-C:100,B-C:200km. 假定每万吨原料运输 1km 的运价是 5000 元,每万吨产品运输 1km 的运价是 6000 元. 由于地区条件的差异,在不同地点设厂的生产费用也不同. 究竟应该在哪些地方设厂、规模多大,才能使总费用最小? 另外,由于其他条件限制,在 B 处建厂的规模(生产的产品数量)不能超过 5 万吨.

表 17-5 A、B、C 三地出产原料、消耗产品情况

地点	年产原料(万吨)	年销产品(万吨)	生产费用(万元/万吨)
A	20	7	150
B	16	13	120
C	24	0	100

实验 18 最优捕鱼策略

18.1 实 验 目 的

（1）了解如何将数学应用于可再生资源的开发和利用.

（2）学习 MATLAB 软件求解常微分方程组的方法.

（3）了解如何应用计算机编程技巧来解决优化问题.

18.2 实 验 内 容

18.2.1 捕鱼问题

为了保护人类赖以生存的自然环境,可再生资源(如渔业、林业资源)的开发必须适度. 一种合理、简化的策略是,在实现可持续收获的前提下,追求最大产量或最佳效益.

考虑对某种鱼(鲳鱼)的最优捕捞策略:

假设这种鱼分 4 个年龄组:称 1 龄鱼,……,4 龄鱼. 各年龄组每条鱼的平均质量分别为 5.07g,11.55g,17.86g,22.99g;各年龄组鱼的自然死亡率均为 0.8(年$^{-1}$);这种鱼为季节性集中产卵繁殖,平均每条 4 龄鱼的产卵量为 1.109×10^5(个);3 龄鱼的产卵量为这个数的一半,2 龄鱼和 1 龄鱼不产卵,产卵和孵化期为每年的最后 4 个月;卵孵化并成活为 1 龄鱼,成活率(1 龄鱼条数与产卵总数 n 之比)为 $1.22 \times 10^{11}/(1.22 \times 10^{11} + n)$.

渔业管理部门规定,每年只允许在产卵卵化期前的 8 个月内进行捕捞作业. 如果每年投入的捕捞能力(如渔船数、下网次数等)固定不变,这时单位时间捕捞量将与各年龄组鱼群条数成正比. 比例系数不妨称捕捞强度系数. 通常使用 13mm 网眼的拉网,这种网只能捕捞 3 龄鱼和 4 龄鱼,其两个捕捞强度系数之比为 0.42∶1. 渔业上称这种方式为固定努力量捕捞.

建立数学模型分析如何可持续捕获(即每年开始捕捞时渔场中各年龄组鱼群不变),并且在此前提下得到最高的年收获量(捕捞总质量).

18.2.2 符号说明

$x_i(t)$:第 i 龄鱼在时刻 t 的数量,其中时刻 t 的单位为年($0 \leqslant t \leqslant 1$),$i = 1,2,3,4$;

k:4 龄鱼的捕捞强度系数;

n:每年产卵量;

r:自然死亡率,$r = 0.8$.

18.2.3 问题假设

（1）该问题要求可持续捕捞,因此每年年初各龄鱼数量与上年相同,考虑周期为 1 年;

（2）假设鱼的数量是时间的连续函数，且持续捕获使各龄鱼数量呈周期变化；

（3）假设鱼的产卵时间集中在 8 月最后一天，孵化时间集中在 12 月最后一天；

（4）鱼卵在年底瞬间完成孵化，称为 1 龄鱼；

（5）各龄鱼在年末瞬时长大一岁，上一年的 4 龄鱼由于自然死亡和人为捕捞因素在年底所占比例极小，假设全部死亡.

18.2.4　模型建立及求解

1 龄鱼和 2 龄鱼每年只存在自然死亡，则有

$$\frac{\mathrm{d}x_i(t)}{\mathrm{d}t} = -rx_i, \quad i = 1, 2, t \in [0, 1].$$

3 龄鱼和 4 龄鱼每年 1～8 月除自然死亡外，还存在人为捕捞，其两个捕捞强度系数之比为 0.42∶1. 由 4 龄鱼的捕捞强度系数为 k，则 3 龄鱼捕捞强度系数为 $0.42k$，则有

$$\frac{\mathrm{d}x_3(t)}{\mathrm{d}t} = -(r + 0.42k)x_3, \quad t \in \left[0, \frac{8}{12}\right],$$

$$\frac{\mathrm{d}x_4(t)}{\mathrm{d}t} = -(r + k)x_4, \quad t \in \left[0, \frac{8}{12}\right].$$

每年 9～12 月为禁捕期，因此 3 龄鱼和 4 龄鱼只存在自然死亡，则有

$$\frac{\mathrm{d}x_i(t)}{\mathrm{d}t} = -rx_i, \quad i = 3, 4, t \in \left[\frac{8}{12}, 1\right].$$

由于 2 龄鱼和 1 龄鱼不产卵，产卵和孵化期为每年的最后 4 个月，平均每条 4 龄鱼的产卵量为 1.109×10^5（个）；3 龄鱼的产卵量为这个数的一半. 由假设 3，产卵时间为 8 月底，则产卵量为

$$n = 1.109 \times 10^5 \times \left[0.5x_3\left(\frac{8}{12}\right) + x_4\left(\frac{8}{12}\right)\right].$$

由假设 4 鱼卵在年底孵化并成活为 1 龄鱼，且成活率（1 龄鱼条数与产卵总是 n 之比）为 $1.22 \times 10^{11}/(1.22 \times 10^{11} + n)$，则每年年初 1 龄鱼数量为

$$x_1(0) = \frac{1.22 \times 10^{11}}{1.22 \times 10^{11} + n}.$$

综上所述，建立模型

$$\max \quad Q = 17.86 \int_0^{8/12} 0.42k \cdot x_3(t)\mathrm{d}t + 22.99 \int_0^{8/12} k \cdot x_4(t)\mathrm{d}t.$$

$$\text{s.t.} \begin{cases} \dfrac{\mathrm{d}x_i(t)}{\mathrm{d}t} = -rx_i, & i = 1, 2, t \in [0, 1] \\[2mm] \dfrac{\mathrm{d}x_3(t)}{\mathrm{d}t} = -(r + 0.42k)x_3, & t \in \left[0, \dfrac{8}{12}\right] \\[2mm] \dfrac{\mathrm{d}x_4(t)}{\mathrm{d}t} = -(r + k)x_4, & t \in \left[0, \dfrac{8}{12}\right] \\[2mm] \dfrac{\mathrm{d}x_i(t)}{\mathrm{d}t} = -rx_i, & i = 3, 4, t \in \left[\dfrac{8}{12}, 1\right] \\[2mm] x_1(0) = \dfrac{1.22 \times 10^{11}}{1.22 \times 10^{11} + n} \times n, & \\[2mm] x_2(0) = x_1(1), \quad x_3(0) = x_2(1), \quad x_4(0) = x_3(1), & \end{cases}$$

$$(18.1)$$

模型(18.1)前 4 个约束条件为鱼的自然生产、死亡和人为捕捞情况,第 5、6 个约束条件为持续捕捞前提,目标函数为关于 4 龄鱼捕捞系数 k 的一元函数,因此搜索 k 值,求满足约束条件的最大捕鱼量 Q,编写程序 eg18. m 求解模型(18.1).

```
syms a10 a20 a30 a31 a40 a41 k t
x1=dsolve('Dx1=-0.8*x1','x1(0)=a10');
x2=dsolve('Dx2=-0.8*x2','x2(0)=a20');
x31=dsolve('Dx31=-(0.8+0.42*k)*x31','x31(0)=a30');
x32=dsolve('Dx32=-0.8*x32','x32(2/3)=a31');
x41=dsolve('Dx41=-(0.8+k)*x41','x41(0)=a40');
x42=dsolve('Dx42=-0.8*x42','x42(23)=a41');
a20=subs(x1,t,1);
a30=subs(subs(x2,t,1));
a31=subs(subs(x31,t,2/3));
a40=subs(subs(x32,t,1));
a41=subs(subs(x41,t,2/3));
n=simple(1.109*10^5*(0.5*a31+a41));
s=solve(a10-n*1.22*10^11/(1.22*10^11+n),a10);
a10=s(2);
q1=int(0.42*k*x31,t,0,2/3);
q2=int(k*x41,t,0,2/3);
Q=subs(subs(17.86*q1+22.99*q2));
Q1=subs(Q,1:20);
max_Q=max(Q1)
b=17:0.01:18;
[mQ,m]=max(subs(Q,b));
k=b(m)
a=[a10 a20 a30 a40];
a0=eval(subs(a))
ezplot(Q,[0,22])
xlabel('捕捞强度系数 k')
ylabel('总捕捞质量 Q')
title('捕捞鱼群年收获量曲线图')
```

运行程序 eg18. m,得 4 龄鱼捕捞最佳强度系数 $k=17.3600\mathrm{g}$,则 3 龄鱼最佳捕捞强度系数为 $0.42k=7.2912\mathrm{g}$,年最大总捕获量为 $3.8865\times10^{11}\mathrm{g}$,4 龄鱼的初始数量分别为(单位:条)

$$x_1(0)=1.1960\times10^{11}, \quad x_2(0)=5.3739\times10^{10},$$
$$x_3(0)=2.4147\times10^{10}, \quad x_4(0)=8.3955\times10^{7}.$$

捕捞强度系数对捕捞总质量的影响如图 18-1 所示.

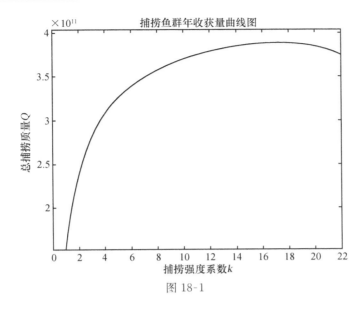

图 18-1

18.3　实验任务

1. (捕鱼策略问题)在最优捕鱼策略实验内容基础上,若某渔业公司承包这种鱼的捕捞业务 5 年,合同要求鱼群的生产能力不能受到太大的破坏. 已知承包时各年龄组鱼群的数量分别为:122,29.7,10.1,3.29($\times 10^9$ 条),如果仍用固定努力量的捕捞方式,该公司采取怎样的策略才能使总收获量最高.

2. (湖水污染问题)如图 18-2 所示的一个容量为 2000m³ 的小湖,通过小河 A,水以 0.1m³/s 的速度流入,湖水以相同的流速通过小河 B 流出. 在上午 11:05 时,因交通事故,一个盛有毒性化学物质的容器倾翻,在 C 点处注入湖中,采取紧急措施后,于 11:35 事故得到控制,但数量不详的化学物质 x 已泄入湖中,初步估计 x 的数量在 5m³ 至 20m³ 之间. 试建立数学模型,估计湖水污染程度,并估计湖水何时达到污染高峰? 何时污染浓度下降至安全水平($\leqslant 0.05\%$).

图 18-2

3. (堆肥问题)一家环保餐厅用微生物将剩余的食物变成肥料,餐厅每天将剩余的食物制成浆状物并与蔬菜下脚及少量纸片混合成肥料,加入真菌菌种后放入容器内. 真菌消化这些混合原料,变成肥料. 由于原料充足,肥料需求旺盛,餐厅希望增加肥料产量. 由于无力购置新设备,餐厅希望用增加真菌活力的办法来加速肥料生产. 试通过分析以前肥料生产的记录(如表 18-1),建立反映肥料生成机理的数学模型,提出改善肥料生成的建议.

表 18-1　肥料生产数据

食物浆	蔬菜下脚	碎纸	投料日期	产出日期
86	31	0	98.7.13	98.8.10
112	79	0	98.7.17	98.8.13
71	21	0	98.7.24	98.8.20
203	82	0	98.7.27	98.8.22
79	28	0	98.8.10	98.9.12
105	52	0	98.8.13	98.9.18
121	15	0	98.8.20	98.9.24
110	32	0	98.8.22	98.10.8
82	44	9	99.4.30	99.6.18
57	60	6	99.5.2	99.6.20
77	51	7	99.5.7	99.6.25
52	38	6	99.5.10	99.6.28

实验 19 艾滋病疗法的评价及疗效的预测

19.1 实 验 目 的

（1）学习数据处理的统计方法.

（2）了解多元线性回归模型在评价与预测问题中的应用.

（3）掌握 MATLAB 软件求解多元线性回归模型的方法.

19.2 预 备 知 识

19.2.1 多元线性回归模型

若因变量 y 是多个变量 $x_i (i=1,2,\cdots,m)$ 的线性组合，且满足

$$\begin{cases} y = b_0 + b_1 x_1 + \cdots + b_m x_m + \varepsilon, \\ \varepsilon \sim N(0,\sigma^2) \end{cases}, \tag{19.1}$$

其中 ε 为随机误差，$b_i (i=0,1,\cdots,m)$，σ^2 是不依赖于 $x_i (i=1,2,\cdots,m)$ 的未知参数，称此模型为多元线性回归模型，其中 $b_i (i=0,1,\cdots,m)$ 称为回归系数.回归分析主要讨论参数估计问题、回归系数 b_i 的假设检验问题和 y 的点预测及区间估计问题.

模型(19.1)中回归系数的估计采用最小二乘法，即选择一组 $\hat{b}_j$，使当 $b_j = \hat{b}_j$ 时，误差平方和最小

$$Q(\hat{b}_0, \hat{b}_1, \cdots, \hat{b}_m) = \min \sum_{k=1}^{n} \varepsilon_k^2 = \sum_{k=1}^{n} \left(y_k - \sum_{i=1}^{m} b_i x_{ki} \right)^2$$

其中，x_{ki} 表示第 k 次观测的第 i 个变量的数据，且 $x_{k0}=1$，n 为观测点的个数.

记 $\hat{y}_k = \hat{b}_0 + \sum_{i=1}^{m} \hat{b}_i x_{ki}$，称 $\varepsilon = y - \hat{y}$ 为拟合残差，$Q_\varepsilon = \sum_{k=1}^{n} \varepsilon_k^2 = \sum_{k=1}^{n} (y_k - \hat{y}_k)^2$ 为残差平方和，并且 σ^2 的无偏估计满足 $\hat{\sigma}^2 = \dfrac{Q_\varepsilon}{n-m-1}$.

称 $U = \sum_{k=1}^{n} (\hat{y}_k - \bar{y})^2$ 为回归平方和，则有

$$SST = U + Q_\varepsilon = \sum_{k=1}^{n} (y_k - \bar{y})^2,$$

其中 SST 称为离差平方和.

19.2.2 回归模型的假设检验

1）F 检验

检验因变量 y 与自变量 $x_i (i=1,2,\cdots,m)$ 之间是否存在如式(19.1)的线性关系.

假设

$$H_0 : b_i = 0 \quad (i = 1, 2, \cdots, m).$$

当 H_0 成立时,满足

$$F = \frac{U/m}{Q_\varepsilon/(n-m-1)} \sim F(m, n-m-1) \tag{19.2}$$

给定显著性水平 α,当 $F > F_{1-\alpha}(m, n-m-1)$ 时,拒绝 H_0,认为 y 与 $x_i (i=1,2,\cdots, m)$ 的线性关系显著.

2)R 检验

记

$$R^2 = \frac{U}{SST}, \tag{19.3}$$

称 $R = \sqrt{\dfrac{U}{SST}}$ 为复相关系数,R 越大,说明 y 与 $x_i (i=1,2,\cdots,m)$ 的线性关系显著.

19.2.3　点预测和区间预测

1)点预测

对模型(19.1)的解 $\hat{y} = \hat{b}_0 + \hat{b}_1 x_1 + \cdots + \hat{b}_m x_m$,对于给定自变量的值 $x_1^0, x_2^0, \cdots x_m^0$,用 $\hat{y}^0 = \hat{b}_0 + \hat{b}_1 x_1^0 + \cdots + \hat{b}_m x_m^0$ 来预测 $y^0 = b_0 + b_1 x_1^0 + \cdots + b_m x_m^0 + \varepsilon$,称 $\hat{y}$ 为 y^0 的点预测.

2)区间预测

令 $x^0 = [1, x_1^0, x_2^0, \cdots, x_m^0]$,则 y^0 的置信度为 $1-\alpha$ 的置信区间为

$$\begin{aligned}
& \Big[\hat{y}^0 - t_{\frac{\alpha}{2}}(n-m-1)s \sqrt{1 + X^{0T}(X^T X)^{-1} X^0}, \\
& \quad \hat{y}^0 + t_{\frac{\alpha}{2}}(n-m-1)s \sqrt{1 + X^{0T}(X^T X)^{-1} X^0} \Big],
\end{aligned} \tag{19.4}$$

其中

$$s = \sqrt{\frac{Q_\varepsilon}{n-m-1}}, \quad X = \begin{bmatrix} 1 & x_{11} & \cdots & x_{1m} \\ 1 & x_{21} & \cdots & x_{2m} \\ \vdots & \vdots & & \vdots \\ 1 & x_{n1} & \cdots & x_{nm} \end{bmatrix},$$

19.2.4　regress 函数

MATLAB 软件提供 regress 函数求解多元线性回归模型,其调用格式为

$$[b, bint, r, rint, stats] = regress(Y, X, alpha)$$

其中,X 如式(19.4),Y 为因变量矩阵,alpha 为显著性水平 α(缺省时默认 $\alpha = 0.05$),b 为回归系数的估计值,bint 为回归系数的区间估计,r 为残差,rint 为 r 置信区间,stats 为检验回归模型的统计量(R^2, F, p),其中 p 为 F 对应的概率.

19.3　实　验　内　容

19.3.1　艾滋病疗法与疗效问题

艾滋病是当前人类社会最严重的瘟疫之一,从 1981 年发现以来的几十年间,它已经

吞噬了近 3000 万人的生命.

艾滋病的医学全名为"获得性免疫缺损综合症",英文简称 AIDS,它是由艾滋病毒(医学全名为"人体免疫缺损病毒",英文简称 HIV)引起的. 这种病毒破坏人的免疫系统,使人体丧失抵抗各种疾病的能力,从而严重危害人的生命.人类免疫系统的 CD4 细胞在抵御 HIV 的入侵中起着重要作用,当 CD4 被 HIV 感染而裂解时,其数量会急剧减少,HIV 将迅速增加,导致 AIDS 发作.

艾滋病治疗的目的,是尽量减少人体内 HIV 的数量,同时产生更多的 CD4,至少要有效地降低 CD4 减少的速度,以提高人体免疫能力.

迄今为止人类还没有找到能根治 AIDS 的疗法,目前的一些 AIDS 疗法不仅对人体有副作用,而且成本也很高 . 许多国家和医疗组织都在积极试验、寻找更好的 AIDS 疗法.

现在得到了美国艾滋病医疗试验机构 ACTG 公布的两组数据 . ACTG320(见附件 1)是同时服用 zidovudine(齐多夫定)、lamivudine(拉美夫定)和 indinavir(茚地那韦)3 种药物的 300 多名病人每隔几周测试的 CD4 和 HIV 的浓度(每毫升血液里的数量).193A(见附件 2)是将 1300 多名病人随机地分为 4 组,每组按下述 4 种疗法中的一种服药,大约每隔 8 周测试的 CD4 浓度(这组数据缺 HIV 浓度,它的测试成本很高).4 种疗法的日用药分别为 600mg zidovudine 或 400mg didanosine(去羟基苷),这两种药按月轮换使用;600 mg zidovudine 加 2.25 mg zalcitabine(扎西他滨);600 mg zidovudine 加 400 mg didanosine;600 mg zidovudine 加 400 mg didanosine,再加 400 mg nevirapine(奈韦拉平).

请完成以下问题:

(1)利用附件 1 的数据,预测继续治疗的效果,或者确定最佳治疗终止时间(继续治疗指在测试终止后继续服药,如果认为继续服药效果不好,则可选择提前终止治疗).

(2)利用附件 2 的数据,评价 4 种疗法的优劣(仅以 CD4 为标准),并对较优的疗法预测继续治疗的效果,或者确定最佳治疗终止时间 .

19.3.2　问题 1 模型建立及求解

根据附件 1(网站:http://www.mcm.edu.cn/)数据,随机抽取多个病人的观测值,发现 CD4 与 HIV 的变化均与时间 t 有二次函数关系 $y=b_0+b_1t+b_2t^2$,令 $x_1=t,x_2=t^2$,选取二元线性回归模型

$$y=b_0+b_1x_1+b_2x_2+\varepsilon \tag{19.5}$$

其中 b_0,b_1,b_2 为回归系数,t 为患者观测的时间,y 为对应的观测值(CD4 或 HIV).

在求解模型(19.5)之前,首先对附件 1 数据进行分析和处理.附件 1 中有患者缺少 CD4 观测值或 HIV 观测值,并发现观测时间有异常(例如观测时间为-2),利用 Excel 软件去掉缺省数据和异常数据分别保存 CD4 和 HIV 值,命名为 data20061cd4.txt 和 data20061hiv.txt 文件.

然后对观测时间进行处理,由于有多个患者在同一时间进行观测,为统计具体时刻,利用 MATLAB 软件作 CD4 观测时间分布图,图形如图 19-1.

MATLAB 命令窗口输入

```
>> [a,b,c]= textread('data20061cd4.txt');
>> nr= unique(b);hist(b,nr)
```

>> legend('CD4 观测时间分布')

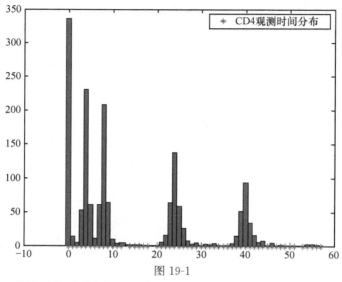

图 19-1

同理作 HIV 观测时间分布图,图形如图 19-2.

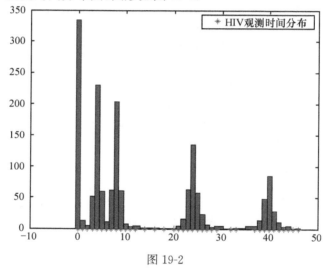

图 19-2

由图 19-1 和图 19-2,CD4 和 HIV 的观测时间均主要集中在第 0～1 周,3～5 周,7～9 周,23～25 周和 39～41 周,因此取时间序列为 $t=[0,4,8,24,40]$,相应求出患者在以上时间区域的平均观测值作为变量,见表 19-1.

表 19-1　CD4/HIV 平均值

观测周	0～1 周	3～5 周	7～9 周	23～25 周	39～41 周
对应时间点	0 周	4 周	8 周	24 周	40 周
CD4 平均值 Z_c	85.1029	133.5333	155.6817	183.1571	197.0944
HIV 平均值 Z_h	5.0294	3.1897	2.9114	2.7587	2.7850

由表 19-1,均值 Z_c 和 Z_h 均变化较大,直接作为因变量矩阵回归模型不显著,以下将

均值作变换,使其满足回归模型条件.

选择参数 λ,使

$$\mathrm{SSE}(\lambda, Z^{(\lambda)}) = (Z^{(\lambda)})^{\mathrm{T}}(I - X(X^T X)^{-1} X^T) Z^{(\lambda)}$$

达到最小.

其中
$$\mathbf{Z}^{(\lambda)} = \begin{bmatrix} z_1^{(\lambda)} \\ z_2^{(\lambda)} \\ \vdots \\ z_n^{(\lambda)} \end{bmatrix}, \quad z_i^{(\lambda)} = \begin{cases} \dfrac{y_i^{(\lambda)}}{(\prod\limits_{i=1}^{n} y_i)^{(\lambda-1)/n}}, & \lambda \neq 0 \\[4mm] (\ln y_i)(\prod\limits_{i=1}^{n} y_i)^{1/n}, & \lambda = 0 \end{cases},$$

$$\mathbf{X} = \begin{bmatrix} 1 & 0 & 0 \\ 1 & 4 & 4^2 \\ 1 & 8 & 8^2 \\ 1 & 24 & 24^2 \\ 1 & 40 & 40^2 \end{bmatrix},$$

y_i 为对应时刻的 CD4 均值(HIV 均值).

表 19-2　变换后的 CD4、HIV 平均值 Z_c、Z_h

观测周	0~1 周	3~5 周	7~9 周	23~25 周	39~41 周
对应时间点	0 周	4 周	8 周	24 周	40 周
CD4 平均值 Z_c	98.2703	144.0819	162.8860	184.7722	195.3351
HIV 平均值 Z_h	0.2221	0.2210	0.2204	0.2199	0.2200

利用表 19-2 数据,编写程序 eg9_1.m,求解模型(19.5).

```
clear;clc;
t=[0,4,8,24,40]';
x=[ones(5,1),t, t.^2];
c=[98.2703 144.0819 162.886 184.7722 195.3351]';
h=[0.2221 0.2210 0.2204 0.2199 0.22]';
[b_c,bint_c,r_c,rint_c,stats_c]= regress(c,x)
[b_h,bint_h,r_h,rint_h,stats_h]= regress(h,x)
xx= 1:40;
z_c= polyconf(flipud(b_c),xx);
[max1,max_c]= max(z_c');
figure(1)
plot(t,c,'* ',xx,z_c,'r')
title('Zc 与时间 t 关系图')
z_h= polyconf(flipud(b_h),xx);
[min2,min_h]= min(z_h');
figure(2)
plot(t,h,'* ',xx,z_h,'g')
title('Zh 与时间 t 关系图')
```

```
z_ch= z_c./z_h;
figure(3)
plot(xx,z_ch,'b')
[max3,max_ch]= max(z_ch)
```

考虑治疗方案应使 HIV 降低, CD4 增加, 综合两因素, 采用指标 Z_c/Z_n 来衡量治疗效果, 确定出综合的最佳停药时间.

运行程序 eg19_1. m, 得 Z_c 与时间 t 的回归方程

$$Z_c = 111.9956 + 5.7544t - 0.0936t^2. \tag{19.6}$$

其中 $R^2 = 0.9056, p = 0.0940$, 模型通过检验且回归关系显著, 图形如图 19-3.

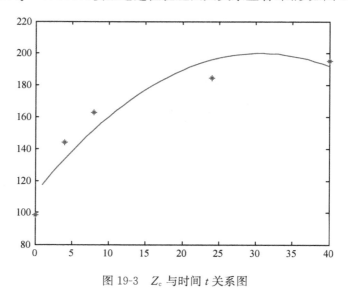

图 19-3　Z_c 与时间 t 关系图

Z_h 与时间 t 的回归方程:

$$Z_h = 0.2218 - 0.000161t + 0.000003t^2 \tag{19.7}$$

其中 $R^2 = 0.9088, p = 0.0912$, 模型通过检验且回归关系显著, 图形如图 19-4.

对式 (19.6) 和式 (19.7) 分别求最大值和最小值得 max_Z_c = 31 周, min_Z_h = 27 周, 由此判断最佳停药时间在 27～31 周. 综合考虑两者关系, 取 $Z_{ch} = Z_c/Z_h$ 的最大值 31, 即最佳停药时间为第 31 周.

19.3.3　问题 2 模型建立及求解

为判断 4 种疗法的优劣, 以下考虑患者的年龄和治疗阶段两个因素.

按人体成长规律, 将患者按年龄分为 3 组: 0～25 岁, 25～40 岁, 40 岁以上; 按患者 CD4 的观测时间 (见图 19-5), 其主要集中在 0, 8, 16, 24, 32, 40 周附近, 将治疗分为 5 个阶段: 0～8 周, 8～16 周, 16～24 周, 24～32 周, 32～40 周。通过对 4 种疗法在 3 个年龄

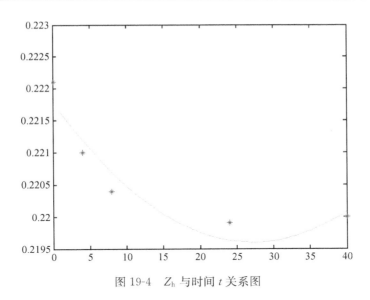

图 19-4　Z_h 与时间 t 关系图

段,5 个治疗阶段共 15 个决策单元进行疗效平均值的对比,从而得到最优疗法. 其中由于每个患者的初始情况不一致,因此疗法 i 在 t 时刻的疗效 Y_{it} 取值采取下列方式:

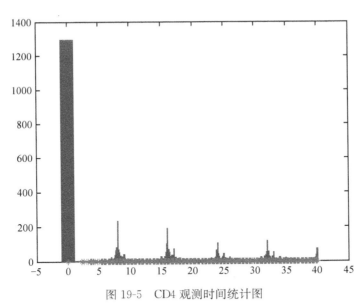

图 19-5　CD4 观测时间统计图

$$Y_{it} = (\overline{CD4_{it}} - \overline{CD4_{i0}}) / \overline{CD4_{i0}} \quad (t = 0, 8, 16, 24, 32, 40; i = 1, 2, 3, 4)$$

其中 $\overline{CD4_{it}}$ 为 $[t-1, t+1]$ 时段采用疗法 i 患者的 CD4 均值.

在使用附件 2(网站:http://www.mcm.edu.cn/)数据时,去掉了观测次数少于 3 次的患者,去掉了 CD4 值为 0 的异常患者,得每个年龄段每种疗法的疗效分别见表 19-3～表 19-5.

表 19-3　0～25 岁各疗法在各治疗时段疗效及人数

治疗方案	0 周	8 周	16 周	24 周	32 周	40 周
Y_{1t}	0	-0.2018	-0.0991	-0.4663	-0.2905	-1
Y_{2t}	0	-0.0425	-0.2232	-0.1283	-0.1984	0.0981
Y_{3t}	0	0.0018	-0.0895	0.1002	-1	-0.3877
Y_{4t}	0	0.6109	0.7266	1.5558	0.3610	/

表 19-4　25～40 岁各疗法在各治疗时段疗效

治疗方案	0 周	8 周	16 周	24 周	32 周	40 周
Y_{1t}	0	-0.0183	-0.0576	-0.0421	-0.1198	-0.0411
Y_{2t}	0.0060	0.0208	0.0069	-0.0839	-0.1643	-0.1605
Y_{3t}	0	0.0277	-0.0207	-0.0896	-0.1075	-0.0467
Y_{4t}	0	0.1638	0.1226	0.0403	0.0502	-0.1053

表 19-5　40 岁以上各疗法在各治疗时段 CD4 值与初值之比

治疗方案	0 周	8 周	16 周	24 周	32 周	40 周
Y_{1t}	0	-0.0324	-0.0402	-0.1238	-0.1351	-0.2213
Y_{2t}	0	0.0055	0.0430	-0.0760	0.0093	-0.2724
Y_{3t}	0	0.1495	0.0663	0.1116	0.0608	0.3837
Y_{4t}	0	0.1408	0.1629	0.0811	-0.0141	0.0326

　　分析表 19-3 数据,由于 0～25 岁的 4 种疗法患者均少于 10 人,样本数很小,且在个别治疗阶段无观测患者,因此其疗效预测不具有普遍性,仅根据表 19-3 数据初步确定疗法 4 最优.在使用以上数据时,各年龄段各治疗方案在第 40 周的患者人数均仅为之前的 $\frac{1}{3}$ 至 $\frac{1}{2}$,这说明各治疗方案均在 32 周之后对大部分患者无疗效或疗效不明显,患者更换疗法导致样本人数骤减,因此第 40 周数据仅作为回归分析的参考数据.

　　编写程序 eg19_2.m,对各年龄段各疗法作回归分析.

```
% 问题 2,25～40 岁疗法 4 回归分析
t=[0:8:40]';
s=size(t);
X=[ones(s(1),1),t,t.^2];
c=[00.1638 0.1226 0.0403 0.0502 -0.1053]';
[b,bint,r,rint,stats]=regress(c,X)
syms x
y=b(1)+ b(2) * x+ b(3) * x^2;
yx=diff(y);
x0=eval(solve(yx))
yxx=diff(yx)
ymax=subs(y,x,x0)
```

　　由于个别时间段患者人数骤减,因此相应数据根据情况考虑是否使用,例如针对 40 岁以上患者疗法 3 的分析仅使用第 0,8,32,40 周数据.通过对各疗法回归分析的结果

对比得该年龄段的最优疗法,结论详见表 19-6. 其中最终停药时间取二次方程的根,此时 CD4 开始负增长,最佳停药时间取回归方程的极大值点,此时刻 CD4 增长达到最大.

表 19-6　各年龄段最优疗法回归预测

年龄段	疗法	回归方程	R^2	最终停药时间/(周)	最佳停药时间/(周)
25～40 岁	4	$y=-0.0004t^2+0.0121t+0.0302$	0.8025	33.6	15.6
40 岁以上	3	$y=-0.0005t^2+0.0177t+0.0137$	0.8519	37.8	17

通过对各年龄段各疗法的回归分析,得 25～40 岁患者的最优疗法为疗法 4,其最佳停药时间为 16 周,16～33 周为观察时间段,建议最终停药时间为 33 周. 其余 3 种方案的 CD4 呈下降趋势,无疗效40 岁以上患者的最优疗法为疗法 3,其最佳停药时间为 17 周,17～37 周为观察时间段,建议最终停药时间为 37 周.

19.4　实验任务

1. (艾滋病问题)进一步对实验 19 的实验内容进行讨论,若艾滋病药品的主要供给商对不发达国家提供的药品价格如下:600mg zidovudine 1.60 美元,400mg didanosine 0.85 美元,2.25 mg zalcitabine 1.85 美元,400 mg nevirapine 1.20 美元. 如果病人需要考虑 4 种疗法的费用,对问题(2)中的评价和预测(或者提前终止)有什么改变.

2. (长江水污染问题)长江是我国第一、世界第三大河流,长江水质的污染程度日趋严重,已引起了相关政府部门和专家们的高度重视. 表 19-7 是 1995～2004 年长江流域的总流量和污水排放量.

一般说来,江河自身对污染物都有一定的自然净化能力,即污染物在水环境中通过物理降解、化学降解和生物降解等使水中污染物的浓度降低. 反映江河自然净化能力的指标称为降解系数. 事实上,长江干流的自然净化能力可以认为是近似均匀的,表 19-8 是国标(GB3838-2002) 给出的《地表水环境质量标准》中 4 个主要项目标准限值,其中Ⅰ、Ⅱ、Ⅲ类为可饮用水.

表 19-9 是"1995～2004 年长江流域水质报告"给出的部分统计数据,该报告将水分为五类,其中Ⅰ、Ⅱ、Ⅲ类为可饮用水,Ⅳ类、Ⅴ类、劣Ⅴ类为非饮用水.

假如不采取更有效的治理措施,依照过去 10 年的主要统计数据,对长江未来水质污染的发展趋势做出预测分析,比如研究未来 10 年的情况.

表 19-7　1995～2004 年长江水流总量和污水排放总量

年份	1995	1996	1997	1998	1999	2000	2001	2002	2003	2004
长江总流量(亿立方米)	9205	9513	9171	13127	9513	9924	8893	10210	9980	9405
污水排放总量(吨)	174	179	183	189	207	234	220.5	256	270	285

表 19-8　《地表水环境质量标准》(GB3838—2002)中 4 个主要项目标准限值　单位:mg/L

序号	项目 \ 标准值 \ 分类	Ⅰ类	Ⅱ类	Ⅲ类	Ⅳ类	Ⅴ类	劣Ⅴ类
1	溶解氧(DO)≥	7.5(或饱和率90%)	6	5	3	2	0
2	高锰酸盐指数(CODMn)≤	2	4	6	10	15	∞
3	氨氮(NH₃-N)≤	0.15	0.5	1.0	1.5	2.0	∞
4	pH(无量纲)	6—9					

表 19-9　1995～2004 年长江流域非饮用水比例

年份	时段	Ⅳ类	Ⅴ类	劣Ⅴ类	年份	时段	Ⅳ类	Ⅴ类	劣Ⅴ类
1995	枯水期	2.7	1.7	2.5	2000	枯水期	14.9	5.9	6
	丰水期	5.1	3.6	2.5		丰水期	14.8	4.1	4.4
	水文年	3.9	3	0		水文年	16.6	4.4	5.3
1996	枯水期	9.5	3.8	3.9	2001	枯水期	15	6.3	7.4
	丰水期	10.1	1.5	2.8		丰水期	13.7	3.9	5.2
	水文年	9.7	1.9	3.1		水文年	14	5.5	6.8
1997	枯水期	26	3.2	3.5	2002	枯水期	16.1	2.9	13.4
	丰水期	8.2	1	3.1		丰水期	13.9	6.2	5.2
	水文年	13.3	2.6	3.4		水文年	10	3.2	10
1998	枯水期	8.2	2.7	3.4	2003	枯水期	9.6	3.4	14.5
	丰水期	7.1	3	2.8		丰水期	19.9	8.1	4.6
	水文年	8.3	1.7	1.6		水文年	6.4	5.8	10.3
1999	枯水期	12.4	4.9	5.7	2004	枯水期	15.1	5.2	11.9
	丰水期	10.2	4.2	5.5		丰水期	14.7	6.7	10.5
	水文年	9.5	6.2	4.1		水文年	14.8	5.9	11.3

实验 20 飞 行 管 理

20.1 实 验 目 的

（1）了解如何从相对运动的观点出发,建立飞行管理问题的非线性规划模型.
（2）了解 for 循环实现穷举法的过程.
（3）学习计算机模拟的方法.

20.2 实 验 内 容

20.2.1 飞行管理问题

在约 10000 米高空的某边长为 160 公里的正方形区域内,经常有若干架飞机作水平飞行.区域内每架飞机的位置和速度向量均由计算机记录其数据,以便进行飞行管理.当一架欲进入该区域的飞机到达区域边缘时,记录其数据后,要立即计算并判断是否会与区域内的其他飞机发生相撞.如果发生相撞,则应计算如何调整各架(包括新进入的)飞机的飞行方向角,以避免碰撞.现假设条件如下:
（1）不相撞的标准为任意两架飞机的距离大于 8 公里;
（2）飞机飞行方向角调整的幅度不应超过 30 度;
（3）所有飞机的飞行速度均为每小时 800 公里;
（4）进入该区域的飞机在到达区域边缘时,与区域内飞机的距离应在 60 公里以上;
（5）最多需考虑 6 架飞机;
（6）不必考虑飞机离开此区域后的情况.

请你对这个避免碰撞的飞行管理问题建立数学模型,列出计算步骤,对以下数据进行计算,要求飞机飞行方向角调整的幅度尽量小.

设该区域 4 个顶点的坐标为 $(0,0),(160,0),(160,160),(0,160)$.记录数据如表 20-1所示.

表 20-1 记录数据

飞机编号	横坐标	纵坐标	方向角（度）
1	150	140	243
2	85	85	236
3	150	155	220.5
4	145	50	159
5	130	150	230
新进入	0	0	52

注:方向角指飞行方向与 x 轴正向的夹角.

20.2.2 模型建立

飞机方向调整次数和时间的确定:根据实际情况,选择新的飞机进入该区域时,对区域内所有飞机同时进行一次性调整,即调整时刻为新飞机进入该区域的时刻,并且不考虑转向时间和距离,认为一旦进行方向调整,则即刻完成.

飞机方向调整角度确定:由于区域内所有飞机仅在同一时间进行一次方向调整,设每架飞机调整角度为 $\Delta r_i (i=1,2,\cdots,6)$,以调整角度总和最小建立目标函数

$$\min f = \sum_{i=1}^{6} \mid \Delta r_i \mid.$$

约束条件确定:根据飞行管理问题要求,所有飞机的相对距离 d_{ij}(第 i 架飞机相对第 j 架飞机的距离)均超过 8km,且调整角度 Δr_i 不超过 $30°$,因此有

$$d_{ij} > 8, \quad -30 < \Delta r_i < 30.$$

设 (x_{i0}, y_{i0}) 为 第 i 架飞机的初始位置,r_{i0} 为第 i 架飞机的初始方向角,r_i 为第 i 架飞机的方向角,$v=800$ 为飞机速率.

记 $c_{ij}=\cos r_i - \cos r_j, s_{ij}=\sin r_i - \sin r_j, \Delta x_{ij}=x_{i0}-x_{j0}, \Delta y_{ij}=y_{i0}-y_{j0}$,则有

飞机 i 相对飞机 j 的速度为

$$v_{ij} = v(c_{ij}, s_{ij});$$

飞机 i 相对飞机 j 的初始位移为

$$h_{ij} = (\Delta x_{ij}, \Delta y_{ij});$$

飞机 i 相对飞机 j 的最短距离为

$$d_{ij} = \sqrt{\frac{(s_{ij}\Delta x_{ij} - c_{ij}\Delta y_{ij})^2}{s_{ij}^2 + c_{ij}^2}}.$$

另外,若飞机 i 相对飞机 j 的初始位移与速度的夹角小于 $90°$,则不会相撞,即满足

$$t_{ij} = x_{ij}c_{ij} + y_{ij}s_{ij} > 0.$$

综上所述,建立非线性规划模型

$$\min f = \sum_{i=1}^{6} \Delta r_i^2,$$
$$\text{s. t.} \begin{cases} d_{ij}^2 > 64 & \text{或 } t_{ij} > 0 \\ -30 < \Delta r_i < 30 \end{cases}. \tag{20.1}$$

20.2.3 模型求解

对于(20.1)的非线性规划问题,根据约束条件 2,对角度的改变量直接搜索求解,返

回所有满足约束条件 1 的解,并记录此时的最优结果.由于程序对角度的改变量作穷举运行,运算速度较慢,因此先对角度的改变量进行初选,然后在初选的基础上缩小步长运行程序,求得可行解.

程序流程图如图 20-1 所示:

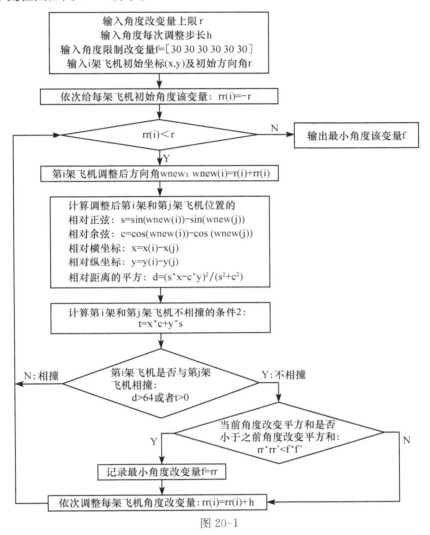

图 20-1

编写程序 eg20.m,用穷举法求解模型(20.1).

```
fmin=1000;% 记录最小角度改变平方和
% wmin:记录最小调整角度
% wnew:记录调整后角度
r=input('请输入搜索的最大角度改变量')
h= input('请输入飞机每次飞行角度的改变量')
x=[150 85 150 145 130 0];         % 初始横坐标
y=[140 85 155 50 150 0];          % 初始纵坐标
w=[243 236  220.5  159 230  52]; % 记录初始角度
```

```
    p=pi/180;
    w=p * w;
    for r1=- r:h:r
        for r2=- r:h:r
            for r3=- r:h:r
                for r4=- r:h:r
                    for r5=- r:h:r
                        for r6=- r:h:r
                            flag= =0;
                            wnew(1)=w(1)+ r1 * p;
                            wnew(2)=w(2)+ r2 * p;
                            wnew(3)=w(3)+ r3 * p;
                            wnew(4)=w(4)+ r4 * p;
                            wnew(5)=w(5)+ r5 * p;
                            wnew(6)=w(6)+ r6 * p;
                            for i=1:6
                                for j=i+ 1:6
                                    s=sin(wnew(i))
                                        -sin(wnew(j));
                                    c=cos(wnew(i))
                                        -cos(wnew(j));
                                    xx=x(i)-x(j);
                                    yy=y(i)-y(j);
                                    d=(s * xx-c * yy)^2;
                                    dd=64 * (s^2+ c^2);
                                    t=c * xx+ s * yy;
                                    if d>dd||t>0
                                        % 不相撞条件
                                    else
                                        flag=1;%相撞
                                    end
                                end
                            end
                            if flag==0
                                rn=[r1,r2,r3,r4,r5,r6];
                                fn=rn * rn';
                                if fn< fmin
                                    fmin=fn;% 记录最
                                        小改变角度的
```

平方和

wmin=rn;% 记录最

小改变角度

         end

        end

       end

      end

     end

    end

   end

  end

if fmin< 1000

  fmin

  rmin

else

  '没有满足条件的解'

end

第一次运行程序,取 r=30,h=6,得结果为 fmin=72,wmin=[0,0,−6,0,6,0].

第二次运行程序,取 r=8,h=2,得结果为 fmin=12,wmin=[0,0,2,−2,0,2].

第三次运行程序,取 r=4,h=1,得结果为 fmin=9,wmin=[0,0,2,−1,0,2].

  由于题目中飞机初始角度的单位为度,并考虑飞行角度的改变的可操纵性,认为角度最小改变量取为 1°较为合适,即建议采取第三架飞机逆时针调整 2°,第四架飞机顺时针调整 1°,第 6 架飞机逆时针调整 2°的调整方案.

20.2.4　模型评价

  该非线性规划模型求解时采用穷举法,这种方法对计算机配置要求较高,特别是循环嵌套较多的时候.MATLAB 软件的优势是处理矩阵运算,建议同学们采用矩阵方法存储数据和进行运算,这样会使程序更加简捷,从而提高运算速度.

20.3　实 验 任 务

  1.(截断切割问题)某些工业部门(如贵重石材加工等)采用截断切割的加工方式从一个长方体中加工出一个已知尺寸、位置预定的长方体(这两个长方体的对应表面是平行的),通常要经过六次截断切割.已知待加工长方体和成品长方体的长、宽、高分别为 10、14.5、19 和 3、2、4,二者左侧面、正面、底面之间的距离分别为 6、7、9(单位均为 cm).切割费用为 1 元/cm².试为这些部门设计一种安排各面加工次序的方案,使加工费用最少.

  2.(平板车装货问题)有 7 种规格的包装箱要装到两辆铁路平板车上去(数据见表20-2).包装箱的宽和高是一样的,但厚度(t,以厘米计)及重量(w,以公斤计)是不同的.下表给出了每种包装箱的厚度、重量及数量.每辆平板车有 10.2m 长的地方可用来放包装箱,载重为 40t. 由于当地货运的限制,对 C_5,C_6,C_7 类的包装箱总数有一个特别限制:这类箱子所占的空间(厚度)不能超过 302.7cm. 试把包装箱装上平板车而使浪费的空间最小.

表 20-2 包装箱数量和规格

特 征	C_1	C_2	C_3	C_4	C_5	C_6	C_7
t/cm	48.7	52.0	61.3	72.0	48.7	52.0	64.0
w/kg	2000	3000	1000	500	4000	2000	1000
件数	8	7	9	6	6	4	8

参 考 文 献

陈桂明,戚红雨,潘伟.2002.MATLAB数理统计(6.x).北京:科学出版社

韩明,王家宝,李林.2009.数学实验(MATLAB版).上海:同济大学出版社

韩西安,黄希利.2003.数学实验.北京:国防工业出版社

李继成.2006.数学实验.北京:高等教育出版社

刘琼荪,龚劬,何中市,等.2004.数学实验.北京:高等教育出版社

盛骤,谢式千,潘承毅.2002.概率论与数理统计.3版.北京:高等教育出版社

苏金明,阮沈勇.2008.MATLAB使用教程.2版.北京:电子工业出版社

同济大学数学系.2007.工程数学线性代数.5版.北京:高等教育出版社

同济大学应用数学系.2002.高等数学.5版.北京:高等教育出版社

尹泽明,丁春利.2002.精通MATLAB6.北京:清华大学出版社

张智涌.2003.精通MATLAB6.5版.北京:北京航空航天大学出版社

赵静,但琦.2008.数学建模与数学实验.2版.北京:高等教育出版社